はじめに

　黒貨車時代を知るレイル・ファンなら、白帯を巻いた貨車を見たことがあるだろう。
　これは「白帯車」と呼ばれ、営業用貨車を事業用に代用した車輌のことだが、その歴史を紐解けば、1953年の称号改正で誕生した事業用貨車に遡る。

　本書は第1章で総説として概要と標記、第2〜4章は1953年の称号改正で誕生した事業用貨車、第5章以降はこれを補完した事業用代用車について車種別にまとめることで、「白帯車」の全貌を振り返ることにしよう。

写真2 ソ150甲形150甲
「操重車控車」で唯一、独自の形式が付与されたのがソ150甲形で、写真は本邦初公開と思われる。詳細については本書47ページをご覧頂きたい。　　　　　　　1959.9　沼津客貨車区　P：豊永泰太郎

1．白帯車とは

　本書で扱う「白帯車」とは、「事業用貨車」で車体に白色の標識帯を標記したものと、営業用貨車を事業用途に代用した「事業用代用車」である。

1.1　白帯車の誕生

　白帯車の誕生は1953年4月8日付総裁達225号による「車両称号規程」の改正がその契機であった。

　改正の趣旨は、全国で混沌としていた救援／工作／配給代用車を整理し、中央で一元管理することを目的にしたものと思われる。

　表1にこの改正での車種名称／記号の推移を示す。

　車種の区分では、1928年5月の称号改正(いわゆる「昭和3年の大改番」)で「準貨車」とした区分を「事業用貨車」に改め、その中に3車種を追加した。

　新設した車種は「ヤ」、「サ」、そして「エ」で、試験車「ヤ」は既に客電車に存在したものを貨車に拡張、工作車「サ」は新設で貨車のみ、救援車「エ」は新設で客貨車をその対象とした。

　当初の計画では、水槽車「ミ」を事業用貨車の分類に移し、物品配給用の貨車代用車は新設の配給車「ル」とする予定だったが、営業局の意向で中止された。これにより約680輌の配給車代用や控車代用車が改番を免れている。

　表2にこの改正で新設された形式を示す。

　形式数は「ヤ」：1、「サ」：5、「エ」：7の13形式で、種車の経歴を大別すると以下の5種となる。

1．古典2軸客車を(救援用)職用車に格下げしたもの→エ740から810形の4形式。
2．戦前期に買収有蓋車を客車の(救援用)職用車としたもの→エ700形の1形式。

表1　1953年改正での車種名称/記号の変化

記号	1928年5月	1953年4月	備考
区分	準貨車	事業用貨車	名称変更
ヨ	車掌車		
ピ	歯車車	−	1932廃止
キ	雪かき車		
ヤ		試験車	1953新設
サ	−	工作車	
エ		救援車	
コ	衡重車	検重車	名称のみ変更
ソ	操重車		
ヒ	控車		

表2　1953年改正での新設形式一覧

車種	改番前			改番後			輌数	車種別計
	区分	形式	番号	区分	形式	番号		
試験車	客車	(ヤ)400	400〜402	貨車	ヤ1	1〜3	3	3
工作車	貨車	ワム1	233…1628		サ1	1〜13	13	37
		ワム3500	5246…7631		サ100	100〜102	3	
	客車	(ヤ)500	500, 501		サ230	230, 231	2	
			502, 503		サ220	220, 221	2	
		(ヤ)510	510, 511		サ230	232, 234	2	
			512, 513		サ220	222, 223	2	
			514		サ230	233	1	
		(ヤ)520	520〜531		サ200	200〜211	12	
救援車	貨車	ワム1	1…1783		エ1	1〜204	204	328
		ワム3500	5117…14043		エ500	500〜535	36	
	客車	(ヤ)100	100…132		エ740	740〜761	22	
		(ヤ)150	152…176		エ770	770〜786	17	
		(ヤ)190	190…205		エ790	790〜802	13	
		(ヤ)300	301…349		エ700	700〜733	34	
		(ヤ)5010	5010〜5012		エ810	810, 811	2	
							合計368	

注：当時の車両称号規程では2軸客車の形式には記号を附さない(例：形式ヤ400は誤で、形式400が正)が、本書では(ヤ)とカッコ付で記した。

3．戦後期にワムを客車の試験車に改造したもの→ヤ1形の1形式。
4．戦後、工事列車用にワとワムを客車の工作車に改造したもの→サ200から230形の3形式。
5．ワム1・3500形を改造して工作車ないし救援車の代用車となっていた車輌を改番したもの→サ1・100とエ1・500形の4形式。

　なおワ1形等、他形式を用いた代用車は改番の対象とならなかった。

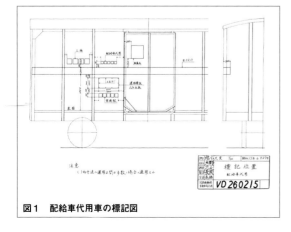

図1　配給車代用車の標記図

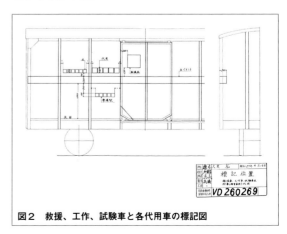

図2　救援、工作、試験車と各代用車の標記図

1.2 白帯車の標記

車両称号規程の改正に合わせ、表2に示す事業用貨車とこれに代用する貨車は、営業用と識別するため車体に白色の標識帯を巻くことになった。

図1〜6に1952年7月に作図された救援車、工作車、試験車、これらの代用車、そして検重車や操重車控車に適用した標記図を示す。これによれば有蓋車は床面上1mから上200mm、無蓋車は上辺から下200mm、長物車は側面全体を白色に塗装するとしている。

ところが実際には白色帯を標記しない車輌や、帯の位置が異なる例もあり、趣味的には興味の尽きない点となっている。

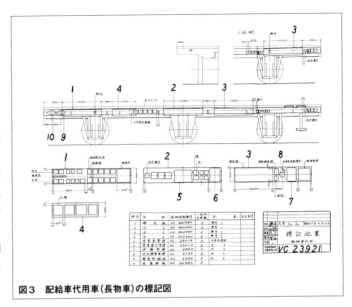

図3　配給車代用車（長物車）の標記図

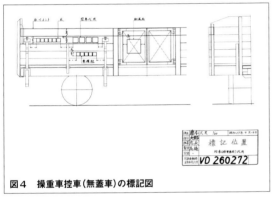

図4　操重車控車（無蓋車）の標記図

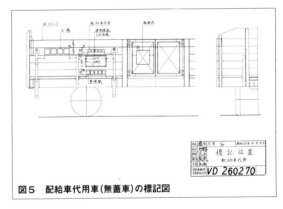

図5　配給車代用車（無蓋車）の標記図

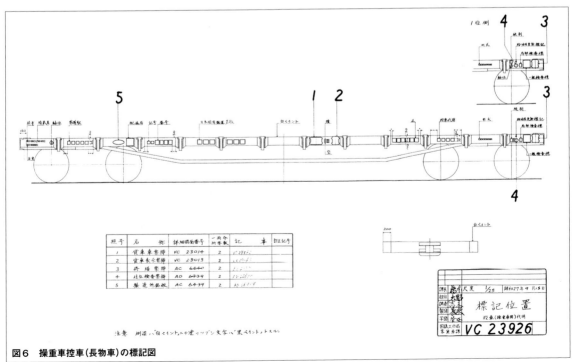

図6　操重車控車（長物車）の標記図

1.3 過去の白帯車

白色帯は古くから標識帯として使用された。ここでは1953年改正以前の使用例の中から、代表的な例を紹介する。

■「代用緩急車」の標記

明治から大正にかけて貨物列車のブレーキには真空ブレーキを使用していたが、列車全体への装備は保守困難のため放棄し、貨物列車では機関車の直後に死重3トン積の真空ブレーキ付有蓋車を「代用緩急車」として数輌連結し、ブレーキ力を補助することにした。

この貨車には1913年12月以降、標識として幅3～4インチの白帯を標記し、1919年時点では495輌が在籍していたが、空気ブレーキの普及で廃止された。

■「物品配給用」の標記（北海道内）

1914年に北海道内に限って制定されたもので、「物品配給用」貨車に幅10インチの白色帯を標記し、中に「物品輸送用」と記入した。北海道に限定したのは道内には「代用緩急車」の配置がなく、混同の恐れがないためと思われる。廃止時期は不明だが、1940年頃の写真が残されている。

■1914年6月11日付 達593号
北海道管理局、各工場及び支工場宛
物品輸送用の設備ある左記貨車（番号省略）は他の貨車との識別を易からしむるため、車体の両側に10吋の白線一条を劃し、尚「物品配給用」と標記す。

■「連合軍専用客車」の標記

やや趣旨違いだが、貨車が客車となった後に白帯を巻いた例を紹介する。

戦後、我が国に進駐した連合軍が使用する客車には、1946年10月から標識帯として幅8インチの白帯を標記することになった。

この中には貨車を種車としたものもあり、ほとんどはワキ1・700両形式だが、ワム23000・50000形も少数存在した。

これらは荷物車、販売車、雑務車として使用され、中には部隊料理車（Troop Kitchen Car）として車輌全体を厨房に改造した車輌もあった。

白帯の抹消は1957年1月だが、これ以降も少数が客車として残っている。

写真3　代用緩急車の例（ワ17013^{M44}形17030）
真空ブレーキを装備した「代用緩急車」の例。ワ17030^{M44}は山陽鉄道自慢の大型有蓋車で、「西」は当時の神戸以西の配属、左に縦書きで使用区間が記入されているが判読不能である。
出典：鉄道趣味（1931年頃）　所蔵：吉岡心平

■1913年12月16日付 達1068号
各管理局、各工場及び支工場宛
代用貨物緩急車取扱手続左の通定む
1.「シリンダー」付有蓋貨車の内、代用緩急車として一定区間に専用するものは識別に便ならしむるため、車体周囲の中央部に幅3吋乃至4吋の白色帯一条を劃し、且つ「何線又は何区間専用、何駅常備」の木札を車体両側に釘付けすべし。
但し本項の取扱を為すべき貨車は之を指定す。（以下略）

写真4　ワフ2900形2908
白帯車の元祖で帯幅は254mmと広く「物品配給用」の文字がある。ワフ2900形は大正初期の北海道向ワフで、内地向のワフ3300形とは落成時から自連とストーブを装備していた点が異なる。
1940年頃　所蔵：吉岡心平

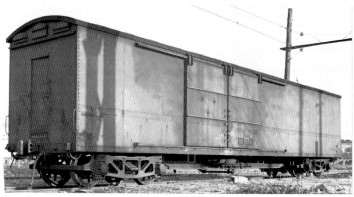

写真5　ワキ700形704（軍名称 LITTLE FALLS、軍番号3042）
ワキ704は1943年2月に国鉄大井工場で海軍の私有貨車として製作後、1947年に連合軍専用客車となりホミ825に改番された。1949年に解除されワキ704に戻ったが、写真では白帯や軍番号の跡が見て取れる。　1959.1　大宮客貨車区　P：中村夙雄

1.4　白帯車の前史時代

ここでは1953年の称号改正で白帯車となった車輛のそれ以前の姿と、これに類する車輛を紹介する。

写真6　(ヤ)150形152
戦前期に明治生まれの古典2軸客車を改造して(救援用)職用車とした例。1953年の称号改正で貨車のエ770形770に改番された(改番後の姿は写真44参照)。
　　　　　1952.1　茅ヶ崎　P：伊藤　昭

写真7　(ヤ)300形310
戦前期に私鉄から買収した雑型有蓋車を戦時中に救援車に改造した例。当時は貨車に適切な車種が無かったため、便宜的に2軸客車とした。
写真の車輛はワ21000形21022を1942年末に国鉄大井工場で改造したもので、1953年改正でエ700形722に改番された。
　　　　　1953.3　新鶴見　P：中村夙雄

写真8　(ヤ)4265形4273
(ヤ)4265形は2軸荷物車を改造した(配給用)職用車で、大半は戦前期に淘汰されたが、写真は最後まで残った中の1輛。
当時、客車の配給車は識別のため、写真のように車体に標識帯として白帯2条を入れていた。
　　　　　1952.5　大宮客貨車区　P：中村夙雄

写真9　ワム1形891
1953年改正以前の配給車代用車の中で、派手な塗分けを施した例。
貨車自体は何の変哲もないワム1形で、ワム23000^{M44}形23807として1930年汽車で製作された。第一次世界大戦による鋼材節約のため落成時は木柱木扉車だったが、戦前期に鋼柱鋼扉(補強Ⓑ)に改造されている。
　　　　　1952.1　国府津　P：伊藤　昭

2．試験車(ヤ)の白帯車

　客車の世界だった「試験車」が貨車に門戸を開いたのは1953年の称号改正で、客車の(ヤ)400形一形式が変更され、貨車のヤ1形となった。
　続いて1957年にはヤ100形が誕生したが、保線用のバラストクリーナーで試験車とするのは不適当なため、1959年に車種に職用車(記号は同じ「ヤ」)を新設し、これに変更した。
　名実共に試験車の2作目となったのは1958年のヤ200形で、落成時から黒に白帯付で登場した。
　ところが1960年のヤ210形以降は塗色を青15号に変更したため、白帯を巻いた試験車はこの2形式だけとなっている。

表3　試験車(白帯車)形式一覧と両数変遷

形式	軸配置	用途	種車	年度末両数				
				1953〜1957	1958〜1971	1972〜1980	1981〜1982	1983
ヤ1	2A	各種	ワム23000	4	4	3	3	0
ヤ200	2AB	脱線試験車	ワキ1000	-	1	1	0	0

■ヤ1形

　鉄道技術研究所に所属する2軸試験車で4輌あり、1〜3は1953年の称号改正で客車の(ヤ)400形400〜402を改番した。
　全車ワム23000形の改造車だが、用途と構造は全て異なる。ヨンサントウでは2段リンク改造の対象外となり、車体の白帯下に黄帯を巻いた(『RMライブラリー』232号の写真92参照)が、運用に不便だったため、1969年度に2段リンク化改造を受け黄帯を抹消した。さまざまな高性能試験車の登場で晩年は試験機器や資材の配給車代用として使用されたが、1983年度に形式消滅した。

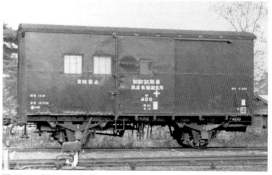

写真10　(ヤ)400形400
　客車時代の写真。1944年にワム23000形を改造して制動力試験に使用したもので、1948年に(ヤ)400形に改番された。
　　　　　　　　　　　　　　　　　　所蔵：吉岡心平

○ヤ1

　「制動試験車」で、1944年にD52登場に伴う戦時輸送力増強のため貨物列車のブレーキ力試験に使用した車輌(ワム23000形23856改造)を、1948年に正式に客車の(ヤ)400形試験車に改番したもの。
　列車走行中に試験軸にブレーキを掛け、滑走を起こさない限界制動力を測定するため、独立した空気溜とブレーキシリンダを装備するが、通常の貫通ブレーキ用シリンダは装備していない。

○ヤ2

　「車両運動試験車」で、1953年3月にワム23000形28032を改造した(ヤ)401を改番したもの。当時は横圧測定の技術が未成熟だったため、線路状態を縦横の

写真11　ヤ1形1
　客車の(ヤ)400形400を改番したもの。「制動試験車」で、試験軸の左軸には独立してブレーキを掛ける枠組があり、右端には専用の空気溜がある。
　　　　　　　　　　　　　1956.8　汐留　P：江本廣一

写真12　ヤ1形2
　「車両運動試験車」で旧(ヤ)400形401。線路の保線状態を車輌の振動により評価するため製作された。側面の低位置にある小窓や妻面の貫通路に注目。
　　　　　　　　　　　　　1956.8　汐留　P：江本廣一

写真13 ヤ1形3
「構造物試験車」で、1950年3月にワム23000形29308を改造した(ヤ)402を改番したもの。他車と異なり車体には窓が無い。
　　　　　　　　　　　1982.1 鉄道技術研究所　P：堀井純一

写真14 ヤ1形4
「構造物試験車」で、改正後の1953年7月にワム23000形30292を改造した。このため客車時代の旧番はない。
　　　　　　　　　　　1984.5 鉄道技術研究所　P：植松　昌

振動振幅と加速度で評価するため製作された。

○ヤ3
「軌道試験車」で、ヤ2と同時期にワム29308を改造した(ヤ)402を改番した。車体には窓が無くヤ1形中で最も地味な車輌で、津田沼にあった実験線への配給用であろうか。

○ヤ4
「構造物試験車」で、唯一1953年改正後に追加されたもの。1953年7月に国鉄新小岩工場でワム23000形30292を改造した。改造で側面に窓が追加されたが、構造や使用方法は不明である。

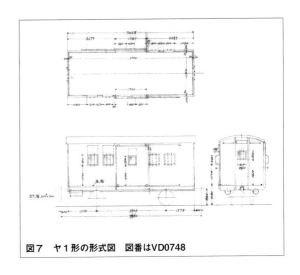

図7　ヤ1形の形式図　図番はVD0748

■ヤ200形
　フランス国鉄では、車輪の横圧が線路に与える影響を研究するため、走行中に横圧を可変出来る試験車を開発した。これに触発され、国鉄でも1958年度の重要技術課題で類車を製作することになり、1959年5月国鉄大宮工場でワキ1000形1020を改造したのが本形式である。
　「脱線試験車」として有名な形式だが、開発目的は横圧に対する軌道の耐久性の測定が第一義で、脱線現象の解明については曲線区間で試験が出来ないため限定的であり、名前が独り歩きした感がある。
　試験設備の中心は車体中央に設置した試験用1軸台

写真15　ヤ200形200
「脱線試験車」として知られる車輌で、1959年国鉄大宮工場でワキ1000形1020を改造した。
「脱線」の名前が独り歩きしているが、実態は「横圧負荷試験車」で、横圧が線路構造に与える影響を評価するため製作された。手前の妻面にある開口部の中には手ブレーキがある。
　　　　　　1959.8　日車支店構内
　　　　　　　　P：豊永泰太郎

車である。構造は蒸気機関車の従台車に類似し、通常は車体下に吊り下げ固定しておき、試験時のみレール上に降ろして前部中央にある球面座と後部左右にある荷重バネとで三点支持する。

試験用の輪軸は片側フランジで、横圧を加える方向は一方に限られるため試験区間は直線のみで、曲線では実験出来ない。車軸とレールとの直角度は、レールに対し±3°の範囲で設定可能とした。

試験輪軸には垂直／横荷重を与えるが、前者は最大16トンで台車の後部荷重バネを車体の主シリンダで加圧し、後者は台車に内蔵した横シリンダで、輪軸に固定した受圧円板を最大10トンで加圧する。

車内には荷重を制御するバルブ、スイッチ類をまとめた操作台、走行状態を観察する潜望鏡、荷重や変位の測定記録装置を搭載した測定台などを設置した。

車体はワキ1000形由来で、死重として古レールを積載して自重を約45トンとした。後端には試験の動力となる空気溜が7本あり、その脇には車掌弁と手ブレーキを設置し、妻側に開口を設けた。なお1964年に試験装置を改良した際、併せて側面側にも開口を追加している。測定台近くの窓は監視のため張出窓に改造し、下部に警笛を設けた。

塗色は黒に白線の白帯車だったが、1965年以降は青15号に変更された。

下廻りではブレーキシリンダは床上に移設し、台車は種車のTR41B形をそのまま使用した。

落成後は鉄道技術研究所のある国立に配置されたが、1960年頃に試験線のある津田沼の支所に移動し、各種の試験に従事した。晩年は日野駅の試験線でスラブ軌道などの強度試験に使用されたが、1987年に形式消滅した。

写真16　ヤ200形の試験台車
ヤ200形の心臓部に当たる試験台車。写真は回送時で車体側に吊上げている。輪軸は片側フランジで、試験時には右側の垂直シリンダを加圧して軸重を加え、水平シリンダで横圧を掛けながら走行させる。
1959年　P：星　晃

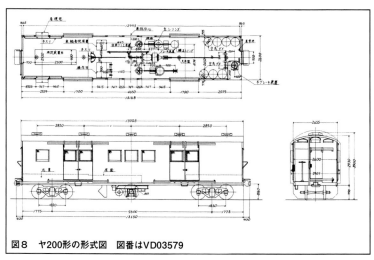

図8　ヤ200形の形式図　図番はVD03579

写真17　ヤ200形200
鉄道技研の公開日に展示されたヤ200。写真15の反対側で、開いた扉の中には嵩上げした床が見える。右端の張り出し窓の下には警笛がある。
1959年　鉄道技術研究所　P：豊永泰太郎

写真18　ヤ200形200
試験線に留置中の写真。試験位置に下げられた試験台車とフランジレスの車輪がよく判る。局名表示が「千」に変ったのは実験線のある津田沼に常備駅を変更したため。
1961.7　津田沼　P：片山康毅

column　ワム1・3500形の柱／扉構造の変遷と車体補強のさまざま

本書にはもとワム1と3500形の写真を多数掲載しているが、車体の柱／扉には木製と鋼製があり車体補強の形もさまざまだ。このコラムでは、これらが変遷した歴史について解説する。

■ワム1形と3500形

ワム1（旧ワム23000^{M44}）形は1914～1917年に1,600輛、ワム3500（旧ワム32000^{M44}）形は1917～1926年に約11,700輛が製作された15トン積有蓋車。両者は車体部分は同じだが車軸が異なりワム1形は短軸、ワム3500形は長軸である。

■鋼柱鋼扉車と木柱木扉車

ワム1形の登場時（写真19）は、溝形鋼の柱と鋼板製の側扉を持つ「鋼柱鋼扉車」であった。ところが第一次世界大戦の影響で鋼材入手が困難となり、1917～1922年製のワム1・3500形は写真20のように柱と側扉を木製に戻した「木柱木扉車」となった。その後（ワム9000台の半ば以降）は再び鋼柱鋼扉車に戻った。図9に示すワム3500形の形式図は1924年製で、落成時から自連を装備した鋼柱鋼扉車の図面である。

■車体補強工事

木造車は次第に車体が弛緩するため、国鉄では1928年度からワム1・3500形の車体補強工事を実施した。図10は鋼柱鋼扉車の補強図で、側面と妻面に筋交い状の鋼帯を追加した。図11は木軸木扉車に適用するもので柱は山形鋼、扉は鋼製に交換し、側面には図10と似た筋交いを設置、妻面には大型の山形鋼製補強を追加した。ところが図11の改造は不評だったようで、1934年に図12が木柱木扉車の新補強図として作成され、柱の山形鋼は一段細くなり、妻面の大型補強は廃止された。

なお本書の解説では図10～12の補強をそれぞれⒶ、Ⓑ、Ⓒの記号で標記する。

写真19　ワム23000^{M44}形23130（後のワム1形226）
1916年3月川崎製で鋼柱鋼扉車の例。落成時には妻面に通風口がない。　　　　　　　　　　　　所蔵：吉岡心平

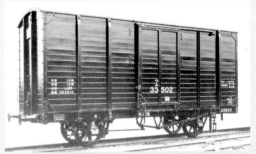

写真20　ワム32000^{M44}形33502（後のワム3500形4968）
1918年10月川崎製。第一次世界大戦の資材欠乏で木柱木扉車となった。　　　　　　　　　　　所蔵：吉岡心平

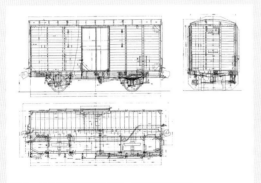

図9　ワム3500形の形式図　図番はVA0013

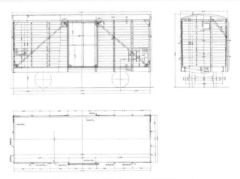

図10　鋼柱鋼扉ワムの補強図　図番はVA0037

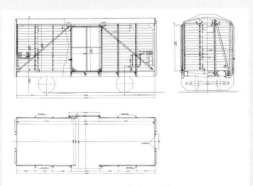

図11　木柱木扉ワムの補強図（1）　図番はVA0038

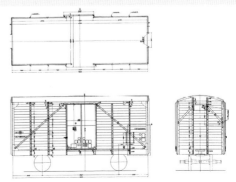

図12　木柱木扉ワムの補強図（2）　図番はVA0058

3．工作車（サ）

　1953年の称号改正で貨車のみに新設された車種で、客車では工事車（記号「ヤ」）が対応する。
　用途は大別して2種あり、サ1と100形は工場や機械区の所属で客貨車区等で使用するが、サ200～230形は工事列車の一員として使用する。
　もともと古い車輌ばかりで淘汰は早く、ヨンサントウ当時は3形式が1輌ずつ残っていたが、1972年度に車種消滅した。

表4　工作車の形式一覧と両数変遷

形式	旧形式	軸配置	種車	年度末両数															
				1953～1955	1956	1957	1958	1959	1960	1961	1962～1963	1964	1965	1966	1967	1968	1969	1970	1971	1972
サ1	－	2A	ワム1	13	17	17	13	9	8	6	7	6	5	2	2	1	1	1	1	0
サ100	－	〃	ワム3500	3	4	4	4	8	7	7	6	6	6	5	1	1	1	1	1	0
サ200	(ヤ)520	〃	ワ1	12	12	12	10	8	8	8	6	5	3	0						
サ220	(ヤ)500、510	〃	ワム1、3500	4	4	3	3	3	3	3	3	3	2	1	1	1	0			
サ230	〃	〃		5	5	5	5	5	5	4	4	4	2	1	0					
合計				37	42	41	35	33	31	29	26	24	18	9	4	3	2	2	2	0

■サ1形

　ワム1形を改造した工作車で1～17の17輌があり、1953年改正時点では13輌だったが、1955～1956年度に4輌が追加された。
　配置は旭川から鹿児島まで全国各地の機械区、工場である。
　もともとが老朽車のため次々と工作車代用車に置換えられ、ヨンサントウ以降はサ15が唯一残ったが、1972年度に形式消滅した。

写真21　サ1形1
　1953年に改番された13輌中のトップナンバーで、旭川機械区の所属で旭川駅常備。
　種車のワム1形233は1916年川崎で製作されたワム23000^{M44}形23177を1928年に改番したもの。落成時から鋼柱鋼扉で、そのまま補強することなく使用している。　　　　旭川　P：鈴木靖人

写真22　サ1形15
　1955～56年度に追加された4輌中の1輌で、1956年2月にワム1形652を改造した。
　種車は1916年日車製で、サ1形と同じ鋼柱鋼扉で誕生したが、戦前期に補強Ⓐ工事を受けた。
　落成時は塩尻に配置されたが、その後五稜郭に移動して本形式で最後まで残った1輌となり、1971年度に形式消滅した。
　ヨンサントウ後の黄帯を巻いた姿は、『RMライブラリー』233号の写真101をご覧頂きたい。
　　　1963.9　五稜郭用品庫　P：豊永泰太郎

■サ100形

ワム3500形を種車とする工作車で、1953年改正時は3輌と少数だったが、1956～1959年度に7輌が追加された。最終番号は109だが年度内での形式内置換が2輌（101と102→105と106）あるため、年度別輌数は最大8輌である。

この形式も淘汰は早く、ヨンサントウでは1輌がロ車となったが、1972年度に形式消滅した。

写真23　サ100形105
1954年度の追加改造車で郡山工場の所属だが、何故か白帯を省略している。種車はワム3500形4489で、1918年天野(後の日車)製。木柱木扉で落成したが、戦前期の補強Ⓒ工事で鋼製化された。種車は更新修繕施工車だが、何故かバッファー穴下の補強梁が残っていた。
　　　　　　　　　1965.3　平　P：千代村資夫

写真24　サ100形107
これも1954年度の改造車で長野機械区の所属。新製時から自動連結器付のワム3500形13132(1927年日車製)が種車のため、端梁にはバッファー穴が無い。車体は補強Ⓐ工事済で、撮影がヨンサントウ直前のため符号「ロ」を標記している。
　　　　　　　　　1968.8　長野工場　P：堀井純一

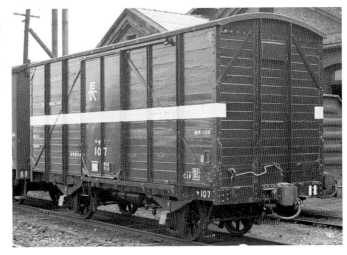

■サ200形

1953年の称号改正で客車の(ヤ)520形を改番した形式。(ヤ)520～531の12輌がサ200～211となった。

(ヤ)520形はBBギャング、CCギャングと通称される工事列車に付属する工作車で、1952年度に国鉄多度津と松任工場で12輌がワ1形から改造された。名称のBBはBridge Building、CCはCommunication Constructionの略称で、宿泊設備のある工事列車が路線を巡回しながら保線作業ないし通信建設を行うもの。我が国では北海道を除いて沿線に民家があり、線路工手の大半は半

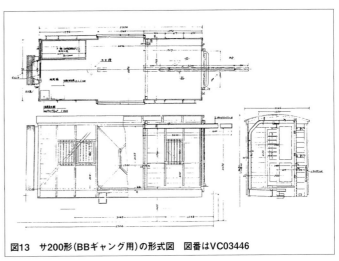

図13　サ200形(BBギャング用)の形式図　図番はVC03446

農半鉄であることから実現は難しいと思われ
たが、当時のCTS(進駐軍の民間運輸局)か
ら強く要請されたため製作したとされる。
　編成はボギー客車の宿泊車と2軸客車の工
作車(これが(ヤ)520形)の2輌ペアで、必要
に応じて材料車として貨車を連結する。
　改造内容はBBギャング用とCCギャング用
で大きく異なる。
　図13はBBギャング用の改造図を示す。車
内天井に繰り出し式のモノレールクレーンを
設置し、後妻面に両開きの妻扉を新設したの
が最大のポイントで、クレーンの荷重を負担
するため、車内には逆U字形の鋼製フレーム
を2箇所に追加した。宿泊車寄りには貫通路

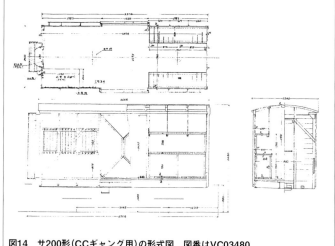

図14　サ200形(CCギャング用)の形式図　図番はVC03480

写真25　サ200形203
　1953年改正で(ヤ)520形522を改番した車輌で、1952年8月
松任工場でワ1形7516を改造した。盛岡保線区の所属で、BBギ
ャング用の一員。改造で後妻面に設置された両開扉がはっきり判
る。　　　　　　　　　　　　　　1964.6　盛岡　P：豊永泰太郎

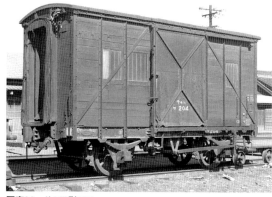

写真26　サ200形204
　旧(ヤ)523で、1952年8月多度津工場でワ1形286を改造し
た。これもBBギャング用で配置は千葉、車体の前妻面には宿泊車
と接続する貫通路とホロがある。ホロの右上にある碍子は外部か
ら商用電源を受電するための接続用。　　　　P：鈴木靖人

写真27　サ200形205
　鹿児島建築区に所属するBBギャング用車。旧(ヤ)525で、
1952年8月国鉄多度津工場でワ1形4715を改造した。奇妙な形
に曲がった側ブレーキテコが珍しい。1953年に廃車された。
　　　　　　　　　　　　　1959.6　鹿児島客貨車区　P：豊永泰太郎

写真28　サ200形211
　CCギャング用で尾久客車区の所属。旧(ヤ)531で、1953年3
月国鉄松任工場でワ1形1076を改造した。構造は図面通りで、
東北線方面で使用したとされる。1959年に廃車となった。
　　　　　　　　　　　　　　　　1957.4　尾久客車区　P：江本廣一

とホロ、その脇には戸棚を設置し、さらに可搬式の発電機、外部受電用の変圧器も装備した。

図14はCCギャング用の改造図を示す。宿泊車との貫通路とホロはあるが後妻面には扉がなく、車内には2段式の棚と作業台があり、棚のため窓配置がBBギャング用と異なる。外部からの受電により作業台では交流100Vを使用可能とした。

問題なのは番号別のBB／CCの区分で、現時点で明確にCCと判明しているのはサ211（旧（ヤ）531）のみである。

我が国の実態には合わなかったようで、工作車中で最も早く淘汰され、1969年度に形式消滅した。

■サ220・230形

（ヤ）500形と（ヤ）510形はサ200形の項で解説したCTS推奨のBB／CCギャングを、北海道地区で実施するため開発された工作車で、（ヤ）500形はワム1形から4輌、（ヤ）510形はワム3500形から5輌が改造された。

改造時期は不詳だが1950年頃と推定され、全車北海道内に配置された。

1953年の称号改正ではサ220形220～223の4輌、サ230形230～234の5輌に改番されたが、客車時代と貨車改番後の形式は表5に示すように入り乱れている。これは客車に改造する際は種車形式で区別したのを、1953年の改番では用途別に並べ直したためと思われるが、サ232～234の旧番が番号順でない理由はよく判らない。

サ220形は北海道内の信号通信区、サ230形は同じく保線区に配属された。残念ながら図面がないため、車内構造や使用実態については不明のままだ。

ヨンサントウ時点ではサ220形222が唯一残存したが、車輌全体をヌ100形2軸暖房車と振り替えた曰く付きの車輌（『RMライブラリー』232号／写真107参照）で、1969年度に廃車となった。

表5　サ220と230形の改番対照

形式	番号	旧形式	旧番号	種車	備考
サ220	220, 221	（ヤ）500	502, 503	ワム1	
	222, 223	（ヤ）510	512, 513	ワム3500	222はヌと振替
サ230	230, 231	（ヤ）500	500, 501	ワム1	
	232～234	（ヤ）510	510, 514, 511	ワム3500	

写真29　サ220形221
1953年改正で客車の（ヤ）500形502を改番したもの。信号通信関係の工作車で、種車はワム1形だが車体は窓だらけで、屋根にはガーランドベンチレーターとT字形の煙突がある。1965年に廃車となった。　1956.3　札幌用品庫　P：江本廣一

写真30　サ230形234
1953年改正で客車の（ヤ）510形511を改番したもの。旭川保線区の所属でBBギャングの仲間と思われる。

種車はワム3500形の更新修繕施行車で車体は補強Ⓐ工事済、軸箱守は形鋼組立、走り装置はリンク式に改良されている。これも1965年に廃車された。　　　　　　　　　P：鈴木靖人

4．救援車（エ）

　救援車とは事故復旧資材を搭載した車輛のことだが、その歴史は古く鉄道国有化より以前から存在し、国有化後に実施された明治44年の改番では「非常車」記号「ヒ」に類別された。ところがその後の増備は低調で、1928年の称号改正以前に車種消滅した。これは不要になった訳ではなく、代用車の形で存在したものを改番しなかったためと思われる。

　その後も2軸客車や有蓋車の代用で推移したが、1934～1940年度には2軸客車86輛を記号「ヤ」の（救援用）職用車に改造し、改造後は（ヤ）100・150・190形の3形式となった。1940年度には国鉄気動車の嚆矢であるキハニ5000形のうち3輛が（救援用）職用車のヤ5010形に改造された。

　これに続く増備は1942年度に戦前期に買収した私鉄引継ぎの有蓋車7形式50輛を改造して対応したが、貨車には適切な車種がなかったため、2軸客車の（ヤ）300形に改番した。

　戦後は再び営業用有蓋車を代用する事態となったが、これらを抜本的に整理するために計画されたのが1953年の称号改正で、貨車に新車種の「救援車」（記号「エ」）を新設し、2軸客車から5形式、ワム1・3500形の代用車をこれに改番した。

　当時多数を占めていたワ1形の代用車を改番対象から外したのは、ワムに統一する意思があったためで、1949年度からスタートした貨車の更新修繕ではワム1形は事業用車とするため実施せず、ワム3500形も約300輛を未施工車として残している。

　このワム→エ改造は1959年度まで続いたが、その後はまたしても方針を変更し、有蓋車のまま救援車代用とすることにした。理由は不明だが、恐らく闇の代用車の出現で実態に即さなくなったものと思われる。

　こうして残った救援車「エ」は、最後まで残ったエ500形の廃車により1973年度に消滅したが、書類上はエ700形が1986年度まで残っていた。

表6　救援車の形式一覧と輛数変遷

形式	旧形式	軸配置	種車	年度末輛数																		
				1953	1954	1955	1956	1957	1958	1959	1960	1961	1962	1963	1964	1965	1966	1967	1968	1969	1970	1971	1972	1973～1986	1987
エ1	—	2A	ワム1	203	203	202	214	199	159	108	75	69	54	47	41	31	21	14	5	3	1	1	0		
エ500	—	〃	ワム3500	36	36	35	37	33	51	110	103	101	96	93	92	89	76	58	37	18	10	4	2	0	
エ700	(ヤ)300	〃	私鉄買収有蓋車	28	28	26	25	25	19	12	10	9	6	6	6	3	2	1	1	1	1	1	1	1	0
エ740	(ヤ)100	〃	古典2軸客車	16	14	7	4	4	2	0															
エ770	(ヤ)150	〃	〃	8	7	3	3	1	0																
エ790	(ヤ)190	〃	〃	12	11	8	7	5	3	2	0														
エ810	(ヤ)5010	〃	キハニ5000	2	2	1	1	1	1	1	0														
合計				305	301	282	291	268	235	233	188	179	156	146	139	123	99	73	43	22	12	6	3	1	0

■エ1形

　ワム1形を種車とした救援車で1～222の222輛があり、204迄は1953年の称号改正による改番、205以降は1956～1958年度の改造車である。1953年の改番では種車番号の若い順に並べたため、旧番の範囲はワム9から1783までと広い。

　車体部分はコラム（11ページ）にまとめた通り、落

写真31　エ1形28
　一ノ関保線区の所属。種車は1916年川崎製のワム1形277で落成時の番号はワム23000^{M44}形23181。鋼柱鋼扉車で、後の改造で側面に筋交い鋼帯、妻面に通風口が追加されている。
　　　　　　　　　　　　　　　　　　　P：鈴木靖人

写真32　エ1形91
　米沢客貨車区の所属で種車は1917年汽車製のワム1形982（旧ワム23000^{M44}形23898）。木柱木扉車で、全く補強は施されておらず、通風口も設置されていない。1963年2月に廃車された。
　　　　　　　　　　　1960.8　米沢　P：伊藤威信

図15 貨車救援車の配置状況

1956年1月時点の貨車救援車7形式(エ1・500・700・740・770・790・810形)の配置駅の分布を図として示す。

1953年改正から3年後のため、形式別の輌数はエ1形：211、エ500形：35、客車改造車5形式(エ700…810形)：46の合計292輌で、前2形式は1953年改正時と大差ないが、客車改造車は廃車の進展で改正時の88輌からほぼ半減している。

図から見て判る点を列記すれば、以下の項目がある。
・北陸地方(金沢局)は貨車救援車の配置がない。
・客車改造車は主に北海道と大都市周辺に残存しているが、これは改番前の配置を引き継いだためである。
・エ500形の配置には一部を除き地域的な偏りが見られ、特に新潟、広島局は著しい。
・主要幹線には50～100km間隔で配置されているが、東海道線には配置がない。

その後の経時的変化だが、路線の変更や配置区所の改廃による変化はあるものの、基本的にはこの図と大きな差はないものと思われる。

凡例：
● エ1
○ エ500
★ 客車改造
◉ エ1、500
★ エ1、客車改造
☆ エ500、客車改造
✪ エ1、500、客車改造

注：記号はエ1、エ500、客車改造(エ700…810形5形式)の3種とその組合せで区別した。また同一形式の複数配置もある。

成時の木柱木扉と鋼柱鋼扉の違いと後天的に実施された3種類の補強方法で形態は混然としている。いっぽう下廻りは更新修繕の対象外だったため、走り装置はリンク式で軸箱守もWガード形と、落成時の姿をそのまま留めていた。

1953年の改正では大量にあったワ1形の救援車代用車を置換え、一挙に救援車の主力となった。昭和30年代後半になると淘汰されるものが急増し、ヨンサントウでは5輌がロ車として残ったが、1972年度に形式消滅した。

■エ500形

　ワム3500形を種車とした救援車で、500〜627の128輛があり、500〜535の36輛は1953年の称号改正での改番車、536以降は1956〜1959年度の改造車である。

　535迄の改番車は更新修繕未施行の中から選定したが、536以降の改造車は更新修繕施行車も対象とした。

　車体部分はワム１形と同様、落成時の構造と後天的補強によりさまざまな形態が混在する。下廻りは更新修繕時に走り装置はシュー式、軸箱守は形鋼組立またはプレス成型品に交換したため、落成時のリンク式とWガードを残す個体は貴重な存在であった。

　基本的には老朽化したエ１・700以降各形式の置換えに使用された。エ628以降も改番計画は作成したものの実行しなかったため、1960年度以降は再び有蓋車を代用する時代に戻ったのである。

　ヨンサントウでは37輛と多数が口車となり生き延びた。白帯をそのまま黄帯に塗り替えた珍しい姿は『RMライブラリー』232号の写真102をご覧いただきたい。1972年度に形式消滅した。

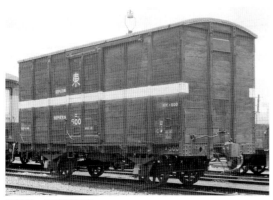

写真33　エ500形500
飯田町客貨車区の所属で種車はワム3500形5117。1919年汽車製で、落成時はワム32000^{M44}形33655。木柱木扉車で落成後、車体補強工事も更新修繕も受けていない珍しい例。走り装置はリンク式で軸箱守もWガード形である。
1956.6　飯田町客貨車区　P：中村夙雄

写真34　エ500形581
1959年度改造車で、所属は茅ヶ崎機関区。種車は1919年日車製のワム3500形6586（旧ワム32000^{M44}形35149）で、落成時はエ500と同じ木柱木扉車だが、戦前期に補強Ⓑ改造を受け、側柱は山型鋼となり妻面に大型補強が付いた。更新修繕施工済のため走り装置はシュー式で軸箱守もプレス加工品である。
1961.2　茅ヶ崎　P：伊藤威信

■エ700形

　1953年の称号改正で客車の（ヤ）300形を改番した形式で、（ヤ）301から349までの中で残っていた34輛をエ700〜733に改番した。

　（ヤ）300形は戦時中の1942年秋から冬に私鉄買収の雑型有蓋車7形式50輛を救援車に改造したもので、突然救援車を増備したのは1942年4月のドーリットル空襲の影響があったのだろうか。

　種車となった有蓋車は表7に示す7形式で、改造後の番号は改造担当の工場順（大宮6、大井9、新小岩6、鷹取1、吹田3、幡生2、小倉10、苗穂9、五稜郭2、旭川2／数字は改造数）としたため、種車形式と

表7　エ700形の種車による分類

番号	旧形式	所有者	荷重	備考
700〜702	ワ21	新宮鉄道	10	
703	ワ20000	広浜鉄道		陸奥鉄道の引継車は（ヤ）300形時代に廃車
704	ワ20300	信濃鉄道		
705〜707	ワ20400	北九州鉄道		
708〜711	ワ20500	信濃鉄道	12	
712〜727	ワ21000	越後鉄道		旧ワ19700^{M44}形
728〜733	ワ21300	芸備鉄道	13	

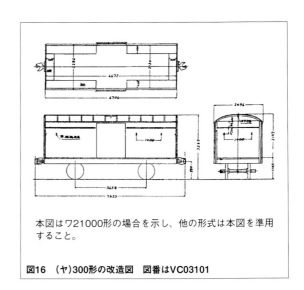

本図はワ21000形の場合を示し、他の形式は本図を準用すること。

図16　（ヤ）300形の改造図　図番はVC03101

番号は順不同であった。ところがエ700形への改番では種車形式の順に並べ直したため、新旧番号の対象は複雑になっている。

（ヤ）300形への改造では図16の通り、車内全周の床面1.4mの位置に奥行400mmの棚を設置し、天井中央の垂木に灯具掛けを取付けた。

以上のように改造点は車内に限られていたため、外観は（ヤ）300、エ700両形式を通じて有蓋車時代と変わらない。書類上の形式消滅は1987年度だが、実際には1960年代後半に姿を消したと思われる。

写真35　エ1形79とエ700形707
　エ707は旧(ヤ)339で、ワ20400形20404を1942年12月国鉄苗穂工場で改造。種車は1937年買収の北九州鉄道ワ504で1923年加藤製、10トン積で軸距11ftが標準的なワ1形より長いが車体はほぼ同寸である。扉にある窓と屋根の煙突に注目。青函鉄道管理局の局名標記は1959年6月に「青」から「函」に変わったため、「青」表記の写真は珍しい。1961年に廃車となった。　　1957.8　函館客車区　　P：江本廣一

写真36　エ700形709
　（ヤ）300形316の改番車で所属は新小岩客貨車区錦糸町支区。
　種車は1937年買収の信濃鉄道ワ501で、ワ20500形20501を経て1942年12月国鉄新小岩工場で（ヤ）316に改造された。
　1936年日車製だが軸距3ftの10トン車で、サイズは明治末期の有蓋車とほぼ同じである。1959年に廃車となった。
　　1958.12　錦糸町客貨車支区　　P：豊永秦太郎

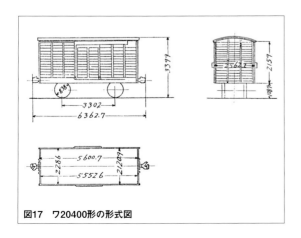

図17　ワ20400形の形式図

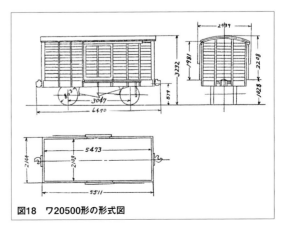

図18　ワ20500形の形式図

写真37　エ700形718

（ヤ）300形318の改番車で所属は佐倉客貨車区。

種車は1927年に買収した越後鉄道ワ115で、ワ19700[M44]形19714を経て1928年の大改番でワ21000形21014となり、1943年2月に国鉄新小岩工場で（ヤ）300形318に改造され、1953年の改番でエ718となった。

ワム3500形と同時代に製作されたが、軸距が4ftと短く、全体に一回り小型で、車軸も短軸である。1959年に廃車された。

1956.2　佐倉　P：伊藤威信

写真38　エ700形731

（ヤ）345の改番車で所属は小樽築港機関区。

1922年梅鉢鉄工所で製作された芸備鉄道ワ40が1933年の国鉄による買収でワ21300形21304となり、1942年12月国鉄苗穂工場で客車の（ヤ）300形345に改造され、1953年の改番でエ731となった。

外観と構造はワム1形の高さのみを約250mm低くしたもので、荷重も3トン減の12（後に13）トンである。窓付の車体を持つ変り種だが、1965年に廃車となった。

1964年頃　小樽築港　P：片山康毅

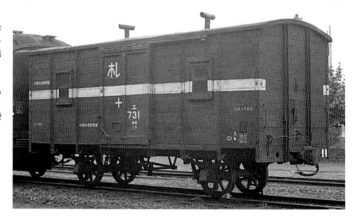

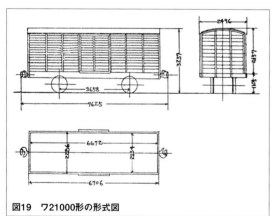

図19　ワ21000形の形式図

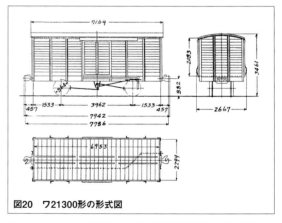

図20　ワ21300形の形式図

■**エ740形**

1953年の称号改正で客車の（ヤ）100形（救援用）職用車を改番したもので、ヤ100～103・105・108・109・113～115・118・119・121～123・125～128・130～132の22輌がエ740～761に改番された。

（ヤ）100形は100～132の33輌が1934～1937年度に古典2軸客車から改造された形式で、種車はそのほとんどが官鉄と日本鉄道の2軸荷物車である。老朽車のため淘汰は早く、1959年度に形式消滅した。

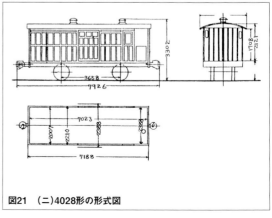

図21　（ニ）4028形の形式図

写真39　エ740形742
　(ヤ)100形102の改番車で所属は大垣機関区。種車は(ニ)4028形4030で1889(明治22)年神戸工場製、荷重は4トンだが、軸距が4ftと短く、そのため車体はその後製作された車輛より一回り小さい。1956年に廃車された。
　　　　　　　　　　　　　　　　P：鈴木靖人

写真40　(ヤ)100形108(後のエ740形745)
　客車時代の写真でまだ白帯は無く、番号の下には「救援用」、左には「名カキ」の文字がある。
　官鉄由来の(ニ)4143形4197を1935年3月国鉄名古屋工場で改造したもので、外観は下のエ749に酷似する。1955年に廃車となった。
　　　　　　1952.8　大垣　P：伊藤　昭

写真41　エ740形749
　(ヤ)115の改番車で、所属は仙台機関区。
　種車は(ニ)4044形4058で、1890〜91(明治23〜24)年新橋工場製。これも荷重4トンで約100輛が製作された当時の標準型荷物車だったようだ。写真の車輛は担いバネが軸箱守の内側にあるが、これは明治20年代の官鉄製の特徴である。1954年に廃車となった。　　　P：鈴木靖人

写真42　エ740形752
　(ヤ)121の改番車で所属は福島第二機関区。
　種車は(ニ)4230形4237でもと日本鉄道の所有車。1891(明治24)年新橋工場製でエ749とは並行して製作され、荷重(4トン)、内バネ式の走り装置、軸距(4ft6in)、そして全体寸法も酷似するが、外板は短冊張りである。1957年に廃車された。
　　　　　　　　　　　　　　　　P：鈴木靖人

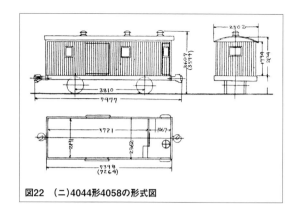

図22 (ニ)4044形4058の形式図

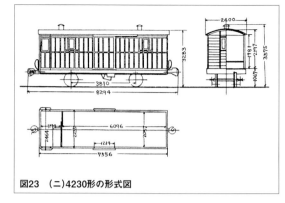

図23 (ニ)4230形の形式図

写真43　エ740形758
(ヤ)128の改番車で所属は坂町客貨車支区。
種車は(ハニ)4289で1935年3月国鉄土崎工場改造。1927年形式図には掲載がなく、後の改造車と思われる。丸屋根の近代的なスタイルで、エ756、757も同じ形態であった。客車改造車の中では長命な1輌で、1959年末に廃車となった。
　　　　　　　1954.10　坂町　P：佐竹保雄

■エ770形

1953年の称号改正で客車の(ヤ)150形(救援用)職用車を改番した形式で、(ヤ)152～154・156～158・162・163・166～168・170～172・174～176の17輌をエ770～796に改番した。

(ヤ)150形は150～176の27輌あり、1934～1939年度に国鉄工場で古典2軸客車を改造した。

(ヤ)100・190形との相違は換算輌数が0.6と小さいことで、種車は27輌中23輌がユニ、残り2輌ずつがニとハユである。

外観と構造は基本的に種車時代のままだが、国有化以前の所属が官鉄、日鉄、山陽、関西、甲武、参宮、中越とさまざまで、落成時からユニの車輌と途中で格下げ改造されたものが混在しているため、形態はバラエティに富んでいた。

もともと老朽車で改番時は淘汰の最中であり、1953年度末で8輌とほぼ半減した。その後も古典客車改造の3形式中では最も早く淘汰され、1958年度に形式消滅した。

写真44　エ770形770
(ヤ)150形152を改番したもので、所属は茅ヶ崎客貨車区。(ヤ)時代の写真は7ページの写真6をご覧頂きたい。左隣に見える白帯車はエ500形511である。
種車は(ユニ)4830形4833で荷重は郵便1、荷物2トン。窓が並んだ車体から見て、旅客車の格下げ車と思われる。図面によれば出自は参宮鉄道であった。改番から8ヶ月後の1953年12月に廃車された。　　　　　　　茅ヶ崎　P：鈴木靖人

写真45　エ770形771

　(ヤ)153の改番車で、所属は甲府客貨車区。
　種車は(ユニ)4860形4864で、これも参宮鉄道の車輌を格下げ改造したものだが、荷重は郵便2、荷物2トンと左ページのユニ4830形より大きい。
　異様に高いダブルルーフは、種車がもと1等車だった名残りと思われる。1956年に廃車された。
　　　　　　　　　　1954.10　甲府　P：佐竹保雄

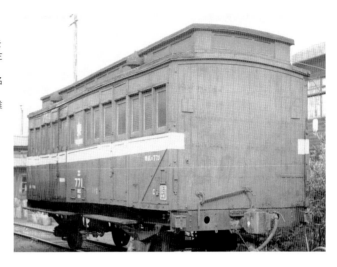

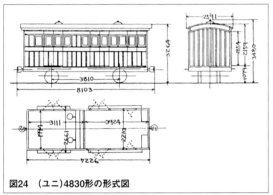

図24　(ユニ)4830形の形式図

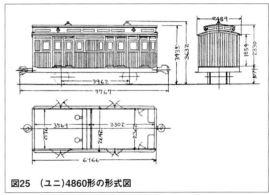

図25　(ユニ)4860形の形式図

写真46　エ770形774

　(ヤ)157の改番車で、所属は会津若松機関区。左隣にある貨車はエ1形171である。
　種車は(ユニ)3795形3809で1905(明治38)年新橋工場製。シングルルーフで生粋のユニで、荷重は郵便3、荷物1トンと郵便を重視した設計で、写真では車体の左1/3が荷物、右2/3が郵便室である。1958年に廃車された。　P：鈴木靖人

写真47　エ770形775

　(ヤ)158の改番車で、所属は柏崎客貨車支区。右隣はエ500形503と思われる。
　種車は(ユニ)3829形3842で前所有者は山陽鉄道、1889(明治22)年メトロポリタン製の古豪である。荷重は郵便1、荷物2トンだが郵便室には区分棚があるため広く、写真では車体の左2/3が郵便、右1/3が荷物室である。1959年3月に廃車され、代りにエ567が配置された。
　　　　　　　　　　1956.3　柏崎　P：佐竹保雄

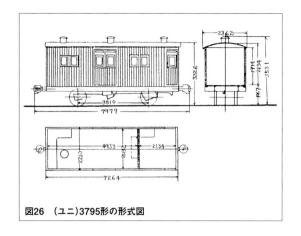

図26 (ユニ)3795形の形式図

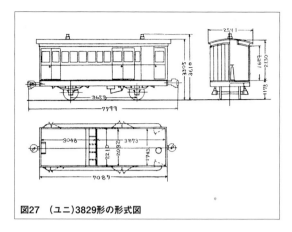

図27 (ユニ)3829形の形式図

■エ790形

1953年の称号改正で(ヤ)190形を改番した形式で、(ヤ)190〜192・196〜205の13輌をエ790〜802に改番した。

(ヤ)190形は190〜205の16輌があり、1934〜1940年度に国鉄工場で古典2軸客車を救援車に改造したものであった。

種車は客車改造3形式の中で最もバラエティに富み、甲武鉄道由来の二等病客車ロヘ975形(図28)や配給用職用車のヤ4550形(図29)など珍品揃いであった。

元々車齢50年を超える老朽車のため、次第にエ500形に置換えられて廃車となり、1960年度に最後まで残った791と802が淘汰され形式消滅した。

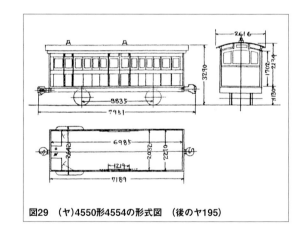

図28 (ロヘ)975形の形式図 (後のヤ201(エ798))

図29 (ヤ)4550形4554の形式図 (後のヤ195)

写真48 エ790形790

(ヤ)190形190を改番したもので、所属は長野客貨車区。

1935年3月国鉄長野工場で、前所有者が山陽鉄道の(ハニ)3564形3593を改造したもの。写真の左寄りにコンパートメントが2室あり、残りが荷重2トンの荷物室である。

晩年は小山に移動したが、1957年に淘汰された。　　　　　　1954.7 十日町　P：江本廣一

写真49　エ790形800
旧(ヤ)190形203で、所属は姫路客貨車区。
1940年3月国鉄吹田工場で、(ニ)4044形4096から改造された。種車は荷重4トンの標準型荷物車で、ヒ749の種車と同形式だが、こちらの方が製造が新しいため台枠構造が異なる。ちなみに両者が別形式となったのは換算輌数の査定が異なるため。床下にある大型の電池箱が珍しい。1956年に廃車された。
　　　　　　　1954.10　淀川貨物　P：佐竹保雄

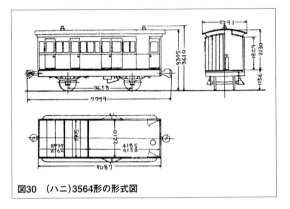
図30　(ハニ)3564形の形式図

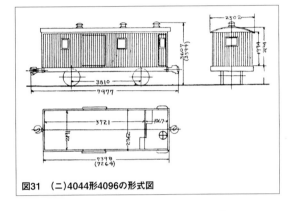
図31　(ニ)4044形4096の形式図

■エ810形

　国鉄初の気動車として1929年に12輌製作されたガソリン動車キハニ5000形は、重量過大と出力過小が祟り、1939年に休車となった。

　このうち8輌は1941年にエンジンを降ろして2軸客車の(ハニ)5000形5000～5007(図32参照)に改造された。改造では客室側の片隅運転室を撤去して座席を増設している。

写真50　エ810形811
苗穂工場入場中の撮影で、車体には室蘭客貨車区と標記されている。
　　　　　　　1955.9　苗穂工場　P：佐竹保雄

　また残った5003～5005の3輌は1941年3月国鉄幌生工場で救援車に改造され、(ヤ)5010形となった。なお形式が5000番代に飛んだのは鋼製車のためである。

　1953年の称号改正では残存していた(ヤ)5010と5012がエ810形に改番された。室蘭客貨車区に配置されていたエ811が1960年末に廃車となり形式消滅したが、同車はその後、国鉄苗穂工場でキハニ5005に復元、展示されている。

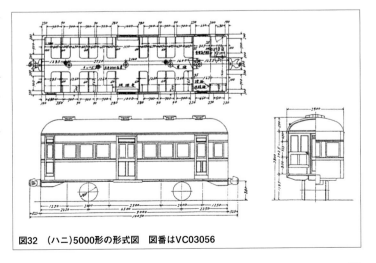
図32　(ハニ)5000形の形式図　図番はVC03056

5. 配給車代用車

　配給車代用車となった車種には有蓋車、無蓋車、そして長物車があり、有蓋車はその配置により工場系、用品庫系、そして電修場系に分類される。

　いっぽう無蓋車と長物車は原則として工場に配置された。輪軸、貨車移動機、そして廃止コンテナなど、特定積荷の専用車があることも特徴のひとつである。

5.1　有蓋車の代用車（工場系）

　工場系の配給車代用車は、工場に配置され担当区所との保守部品輸送に使用するのが基本だが、工場間の特定機器輸送用や、逆に区所側に常備され複数の工場間と運用するもの、客貨車区に配置され同支所との間で使用するもの等、さまざまな車輌があった。

　その歴史を概観すると、古くは雑多な形式だったが、1953年の称号改正の頃には工作車や救援車と同様、ワム1・3500形に集約された。

　ところがこれらは1968年の貨物列車スピードアップで使用出来なくなり、この前後からワ10000・12000形小型車とワム50000形木造車の全盛時代となった。

　1971年から黒ワムの余剰淘汰が始まると、ワム60000・70000、そして90000形が種車となったが、転用するならばより新しい車輌を選択したため、ワム60000形が最多で90000形は数が少ない。

　1984年の「59-2改正」でのヤード系輸送廃止後は、いよいよワム80000形の出番となり、同形式の280000番代車が国鉄時代最後の配給車代用車として、その一部がJR各社に継承されている。

写真51　ワ10000形10000
　苗穂工場の配給車代用車。北海道の工場はトップナンバーが大好物で本車はその第1号。妻面に長尺物積込用の開口部がある。
　　　　　　　　　　　1970.8　旭川客貨車区　P：川喜多新太郎

写真52　ワ10000形10472
　郡山工場の配給車代用車で、側扉を開いて積荷を取り卸し中。側面には引っ掛け式の運用板が設置されている。
　　　　　　　　　　　　　　　1971.8　会津若松　P：筒井俊之

写真53　ワ12000形12354
　多度津工場の配給車代用車。車内に棚を設置したため、妻板の外側に山形鋼を取付け補強している。
　　　　　　　　　　　　　　　　　1985.4　多度津　P：岡田誠一

写真54　ワム3500形5318
　大宮工場の配給車代用車。木柱木扉車で更新修繕未施行のため、走り装置もリンク式＋Wガード軸箱守である。
　　　　　　　　　　　　　　　　　1954.9　水上　P：伊藤　昭

写真55　ワム50000形52096
小倉工場の配給車代用車で、合板改造車だが傷みが激しい。左下にある白色の運用板には「鹿児島方面」と記入されていた。
1975.3　小倉西　P：吉岡心平

写真56　ワム60000形60000
五稜郭車両センターの配給車代用車。北海道のトップナンバー第2号。
1981.7　五稜郭車両センター　P：吉岡心平

写真57　ワム60000形65490
苗穂工場の配給車代用車。工場間輸送の例で、気動車用のトルクコンバーターを荷役作業中である。
1981.7　五稜郭車両センター　P：吉岡心平

写真58　ワム70000形70000
釧路車両管理所の配給車代用車。こちらは北海道のトップナンバー第3号。
1981.8　釧路車両管理所　P：吉岡心平

写真59　ワム80000形86180
鷹取工場の配給車代用車。扉部分の白線は白く塗った板を張り付けている。
1984.9　岡山　P：遠藤文雄

写真60　ワム80000形280000
苗穂工場の配給車代用車。さすが北海道で、280000番代のトップも手中に収めた。
1984.8　苗穂工場　P：遠藤文雄

写真61　ワム90000形91742
土崎工場の配給車代用車。数少ないワム90000形の代用車。側面の左下には謎の小扉がある。
1974.5　土崎工場　P：堀井純一

写真62　ワラ1形13118
新津車両管理所の配給車代用車。ワラ1形は床面が鋼製のため、ワム60000形と比べて人気が無かった。
1977.8　新津車両管理所　P：吉岡心平

5.2　有蓋車の代用車（用品庫系）

　用品庫とは全国各地の地方資材倉庫で、1953年時点では22箇所あり、その下には分庫や派出所があった。後に14箇所の資材センターに集約された。

　貯蔵品を出納輸送する車輌としては、客車の配給車と配給車代用の有蓋車が配置されていた。

　使用した貨車はその時々で代表的な形式（例えばワ12000、ワム50000、そしてワム60000等）で、同一形式を集中して使用する傾向があったため、趣味的には面白味に欠けるきらいがあった。

　59-2改正で命脈を絶たれ、JRへの移行で絶滅した。

写真63　ワ12000形12112
　旭川用品庫の配給車代用車。ワ12000形小型車はかつての用品庫系配給車の定番であった。
1970.8　旭川用品庫　P：川喜多新太郎

写真64　ワム60000形61876
　札幌資材センター室蘭支所の配給車代用車で、西室蘭駅にあった支所に配置されていた例。
1984.5　西室蘭　P：遠藤文雄

写真65　ワム60000形68266
　名古屋資材センターの配給車代用車。車輌自体は何の変哲もないワム60000形後期型で、左右に並んでいるのも同型車。
1981.3　名古屋資材センター　P：吉岡心平

5.3　有蓋車の代用車（電修場系）

　電修場とは聞き慣れない名前だが、電気機械器具を修繕と検査を担当する部門で、1958年時点では全国11箇所あった。大型機器専門の区所もあるため配給車代用車が配置されていたのは8箇所で、併せて客車の配給車やワフなども使用していた。

　電修場系配給車の特色は、リレーなどを納める通箱を載せる棚付きの車輌があったことで、窓や扉付きのものや、棚取付部が補強されている車輌もあった。

　ところが、第3次長期計画の電気関係保守近代化の一環として、信号機器の解体検査を外注することになり、電修場は1968年12月付で廃止された。その後は既存の信号機器メーカーで保守するため、全国各地の信号区所と東京／大阪の基地間で電気局所属の専用配給車による定期輸送を実施することにした。このために整備されたのがヤ400形である。

写真66　ワム1形1312
　札幌電修場の配給車代用車で琴似駅常備。1916年度天野製の木柱木扉車で補強は全く施されていない。配給車への改造は大規模で側面に扉、妻面には窓が設置され、まるでワフのようだ。室内にはストーブが設備され、屋根にはT字型の煙突がある。
1956.3　琴似　P：江本廣一

写真67　ワム3500形14602
　広島電修場の配給車代用車で広島駅常備。種車は1925年度汽車製の最終グループのため妻面にはバッファー穴がなく、更新修繕と車体Ⓐ補強が施行されている。側面には水切り付きの窓が追加されている。
所蔵：阿部貴幸

写真68　ワム50000形53067
　倉賀野電修場の配給車代用車。側板と妻板は耐水合板に改造されているが、車内に棚を設置したため側面各所に補強材が追加された。ヤ400形に置換えられて廃車となった。
1969.5　高島　P：堀井純一

■ヤ400形

　正式名は「信号機器輸送用」職用車で1968年度郡山工場で16輛がワム60000形から改造された。

　積荷は電気転轍機等の大物から、リレー、ATS送信機等の小物までさまざまである。

　改造では床面に扱重0.5トンのチェーンブロック、四隅には通箱を載せる4段の整理棚、妻面には書状入と黒板を設置した。

　配置は東京（田端操）に408迄の9輛、大阪（安治川口）に409以降の7輛で、1975年にヤ403が事故廃車となったため、翌1976年度にヤ416を追加した。

　運用は東日本15ルート（155駅）、西日本9ルート（94駅）で、所要日数は1ルート約15日である。JRには移行せず、1987年度に形式消滅した。

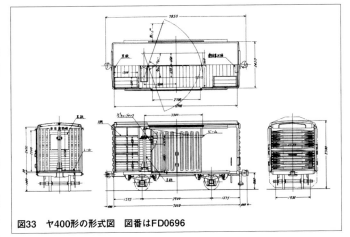

図33　ヤ400形の形式図　図番はFD0696

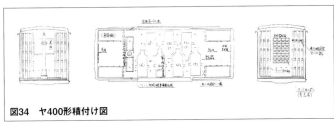

図34　ヤ400形積付け図

写真69　ヤ400形404
　電気局所属の「信号機器用配給車」。1968年郡山工場でワム60000形60253を改造した。車内に見えるチェーンブロックは扱重0.5トンで回転式の基部が左右にスライドする。その奥にあるのは通箱用の整理棚で、床に置かれているのは電気転轍機。
1982.10　魚津　P：吉岡心平

写真70　ヤ400形411
　ヤ400形で唯一、ワム60000形の後期型（61300以降）を改造した変形車。種車はワム62826で三菱／飯野製のため、バネ釣り受が通常の鋳鋼製ではなく同社特有のプレス溶接品である。
　写真の運用は西4区線で広島、徳山、下関方面を巡回する。
1981.12　安治川口　P：吉岡心平

29

電修場の廃止はヨンサントウと同時期で、スピードアップに対応できない老朽代用車は淘汰されたが、2段リンクを装備したワム50000形は信号検査区や信号通信区の配置として残り、その後は次第にワム60000や90000形に置換えられた。工場系配給車に多かったワ10000・12000形は容積／床面積が小さいため使用しなかったようである。

これも用品庫系と同様、59-2改正のヤード廃止後は運用困難となり淘汰されている。

写真71　ワム50000形50523
草津信号検査区の配属車。1968年の電修場廃止後も所属名を書き換えて使用されていた。側面に露出したボルトに注目。
1971.3　柘植　P：堀井純一

写真72　ワム90000形91923
仙台信号通信区の配給車代用車。仙台電修場から仙台通信検査区時代に使用していたワム50000形の後継車である。
1978.12　岩沼　P：遠藤文雄

写真73　ワム60000形60190
新津信号通信区の配給車代用車。こちらは新津電修場で使用していたワム50000形の老朽取替用である。
1977.11　水上　P：片山康毅

5.4　無蓋車の代用車

無蓋車の配給車代用車は工場系に限られ、用品庫や電修場には原則として配置されていない。

代用車となった形式はトム、トラのほぼ全てで、1953年改正時点ではトム1形、これが使用不可となったヨンサントウ以降はトム60000とトラ6000形、その後はトラ35000・40000形が常連となった。

トラ45000や55000形は鋼板床が嫌われたが、中には独自の木床改造を施した変形車もあった。

トラ145000番代は落成当初の代用禁止から、59-2改正以降は一転して代用車の主力となった。

地方による相違では、九州に珍奇な改造を施した車輌が多かったようである。

写真74　トム1形973
浜松工場の配給車代用車。トム1形はワム1形の無蓋車版に当たる存在で、最後まで残った車輌は事業用車の種車となった。
P：鈴木靖人

写真75　トム11000形11475
鹿児島工場の配給車代用車。アオリ戸の上3枚分を撤去し、中央には簡単なホイスト、両端には物置様のものがある。
1964.10　吉松　P：菅野浩和

写真76　トム50000形51167
　小倉工場の所属で、アオリ戸の上3枚分を撤去し、中央には簡単なクレーン、両端には物品収納箱が4個ある。
1965.2　小倉工場　P：菅野浩和

写真77　トム60000形60082
　名古屋工場の配給車代用車。トム60000形は最後の新製トムで、トラ6000形と共に一時期は無蓋車代用車の主力だった。
1980.9　新湊　P：吉岡心平

写真78　トラ6000形9101
　大船工場の所属で、戦争真っ只中の1943年2月に田中車両で製作された。車体の前後には大型の物置が設置されていた。
1968.2　大船　P：堀井純一

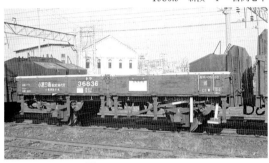

写真79　トラ35000形36836
　小倉工場の配給車代用車で、アオリ戸の上2枚分を撤去した。両端には物品収納箱が4個ある。
1975.3　小倉西　P：吉岡心平

写真80　トラ40000形40401
　苗穂工場輪西職場の配給車代用車。白帯をアオリ戸高さの中央に巻いたのは、65km/h車の黄帯と干渉しないようにするため。
1981.7　輪西職場　P：吉岡心平

写真81　トラ45000形50399
　五稜郭車両センターの配給車代用車。アオリ戸の下に見える床板で判るように、原型車のまま木床に改造された謎の車輌。
1981.7　五稜郭車両センター　P：吉岡心平

写真82　トラ45000形147885
　橋本車両センターは自動車の専門工場だが、貨車の配給車を持っていたとは驚きだ。積荷はドラム缶入りの廃油だろうか。
1984.1　橋本　P：堀井純一

写真83　トラ55000形55031
　鷹取工場の配給車代用車。トラ55000形で60輌だけ試作された木製アオリ戸の車輌を配給車とした変わり種。
1969.2　加古川　P：堀井純一

写真84 トラ55000形55214
　鷹取工場の配給車代用車で四国に遠征中。トラ55000形の配給車は少なく、恐らく鷹取と高砂だけではないかと思われる。
　　　　　　　　　　　　　1976.3　多度津　P：堀井純一

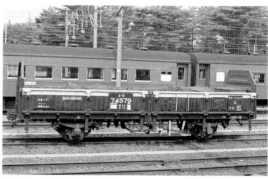

写真85 トラ70000形74579
　郡山工場の配給車代用車で「郡山工場－勝田電車区間専用」の標記がある。左の軸箱蓋に見える装置は積算距離計。
　　　　　　　　　　　　　1981.6　勝田　P：堀井純一

5.5　輪軸の輸送用車

　輪軸を工場と担当区所間でやり取りする際は、無蓋車の配給車代用車を使用するが、大宮工場のように長物車を愛用した工場もあった。
　なお輪軸を車輌製造会社に支給する場合は、営業貨物扱いのため普通の無蓋車で輸送するが、転動しやすい貨物のため床面に車輪止めを固定した専用車が用意され、白帯車と混用する例も見られるので、ここに代表的な例を掲載した。

写真86 トム150000形155446
　白帯車ではない例で、「車輪積専用車」「五稜郭工場－五稜郭貨車区」と標記されている。ヨンサントウで北海道に封じ込められた⑥車のためアオリ戸下端の帯は黄色である。
　　　　　　　　　　　1970.8　五稜郭工場　P：川喜多新太郎

写真87 トム60000形60367
　白帯車ではないが輪軸専用車。「笹島駅(名古屋工場)乙川駅間専用車」の標記から、乙川の輸送機工業で製作する貨車の輪軸を輸送中と思われる。
　　　　　　　　　　　　　1974.3　清水　P：堀井純一

写真88 トラ30000形30000
　鷹取工場の配給車代用車(輪軸輸送用)で、大阪局自慢のトップナンバーシリーズの一員。写真90のチ53のように電気機関車の台検時の動輪輸送用ではないかと思われる。
　　　　　　　　　　　　　1978.8　岡山機関区　P：片山康毅

写真89 輪軸輸送車の車輪止め
　「輪軸輸送用」と標記されたトキ25000形29151の車内。床面には車輪の形状に合わせた鋼製の車輪止めが固定されている。
　　　　　　　　　　　　　1990.7　輪西職場　P：吉岡心平

写真90　チ1²⁽代⁾形53

大宮工場の輪軸輸送車で、白塗りの車体には「配給車代用」「大宮操駅常備」の文字がある。
種車はヨンサントウで使用出来なくなるチ500形3軸車を置換するため、1963～1964年度にレム1形を改造した10トン積長物車。
元々の床面は鋼板張りだが、輪軸輸送車への改造では内部に木板を張った鋼製枠を設置した。
積荷はEF64形の台車検査用の輪軸で、大宮工場から甲府機関区に輸送中の姿。
　　　　　1981.2　八王子　P：堀井純一

写真91　チ1²⁽代⁾形74

幡生工場の輪軸輸送車。遠目写真から拡大したため不鮮明だが、「幡生工場輪軸専用車」と標記されている。車体は黒塗りで、床上には大宮工場と似た鋼製枠があるがこちらの方が大型である。
　　　　　1981.8　新南陽　P：堀井純一

写真92　チ1²⁽代⁾形181

郡山工場の輪軸輸送車。車体は白塗りで、上写真にある大宮工場の輪軸輸送車とよく似ているが、それもそのはずで大宮工場からの転属車である。
　　　　　1979.12　水戸　P：堀井純一

写真93　チ500形710

大船工場の輪軸輸送車で、床板の端が白色に塗装されている。
チ500形は戦時型無蓋車として大量製作されたトキ900形3軸車を改造した10トン積長物車で、写真のチ710は1952年7月にトキ2175を改造した。
輪軸輸送車への改造では、木製床板の上に木製の車輪止めが6軸分設置されている。
　　　　　1961.3　大船　P：豊永泰太郎

写真94　チ500形781

苗穂工場輪西貨車職場の輪軸輸送車。ヨンサントウ後の撮影なので、床板端の塗色は黄色と思われる。
同じチ500形改造の輪軸輸送車だが、上の写真と構造は大違いで、車輪の形にくり抜いた移動止めがよく判る。
　　　　　1970.8　輪西職場　P：川喜多新太郎

5.6 貨車移動機の輸送用車

　駅構内で貨車の入換に用いる貨車移動機は、機械扱いのため、駅間を鉄道で移動する際は専用の長物車に積載する。

　このために使用する貨車が貨車移動機輸送用の配給車代用車で、所属は保守部門のある国鉄工場や機械区が多いが、外注先で保守する場合はトラックに積み替えるため、大型クレーンのある貨物駅に配置される場合もあった。

写真95　チキ1500形2402
　表紙と同じ写真。米子局の移動機輸送車で、種車は1943年川崎製。
　車体は白塗りで、「米」と「後藤工場」「配給車代用」「後藤駅常備」と標記され、床上左奥には荷役に用いるウインチが見える。
　積荷は協三工業製の20トン車輌移動機。運転室の上半分は取り外して右隣の無蓋車に積載している。
　　　1977.7　米子　P：吉岡心平

写真96　チキ3000形3093
　大宮工場の移動機輸送用車。撮影時点では仮専用で、車体の木片には「大宮工場専用車」「配給車代用」「大宮操駅仮常備」と記入されている。
　種車は戦時型長物車のチキ3000形で、全体の構成は写真100のチキ3641に酷似していた。
　積荷はいわゆる「10トン半キャブ」形移動機。
　　　1974.11　大宮客貨車区
　　　　　　　P：片山康毅

写真97　チキ3000形3159
　これもチキ3000形の改造車だが、車体は白塗りで配置区所の標記はなく、西岡山駅常備と記入されていた。
　床上にあるウインチは手動式のようだ。
　　　1983.1　西岡山　P：吉岡心平

写真98　チキ3000形3184
　四国の移動機輸送車で、これもチキ3000形の改造車。塗色は黒で「貨車移動機積」「臨時専用車」「浜多度津駅常備」と記入されていた。
　床上には動力式のウインチが据え付けられ、移動機の積載で用いるレールを立体的に組立てたランプ台が置かれていた。
　左の建屋内では天井のクレーンで輸送車から吊り降した車輌移動機を整備中である。
　　　　1975.10　多度津工場
　　　　　　　　P：堀井純一

写真99　チキ3000形3368
　高岡機械区所属の移動機輸送車で、車体には金沢駅臨時常備と記入されていた。なお同区所属のチキ3089は正規の金沢駅常備だった。
　器具箱は縦置きで、床面上のウインチは手動式である。
　1975.5　福井機関区　P：堀井純一

写真100　チキ3000形3641
　「大宮工場」と「配給車代用」の標記がある白帯車。種車はチキ3000形で移動機輸送車の定番だが、床面が木製である点が好まれたのだろうか。
　構造は他所の車輌と異なり、床上にウインチが無く、車体の前後両端には横置きの器具箱があり、車体上にある先端の尖ったランプレールは異様に長さが長く見える。
　　1977.11　大宮工場　P：片山康毅

写真101　チキ6000形6137
　移動機輸送車では新しい例で、種車は1980年3月長野工場でコキ5500形コンテナ車から改造された。
　車体は黒塗りのままで、これといった標記も施されていないが、車体上には移動機を積載するレールとウインチが固定され、その左右には積込時に左の車端から繰り出すランプレールが積載されている。左車端に見えるレール繰り出しと牽引ワイヤー用のローラーに注目されたい。
　　　　1982.3　下関　P：吉岡心平

写真102　トキ15000形20611
　トキ15000形を種車とした例で、1957年製の溶接台枠を用いた最終グループから選定した。
　改造では妻構と側アオリ戸を全て撤去し、床面上に車輌移動機を載せる固定レールと手動ウインチ、そして貨車積の際に用いるランプ用レールを装備した。なお左寄りの空所には取り外した移動樽の屋根を積載する。
　桑園駅の常備で北海道を訪れる貨車ファンの名物だったが、昭和50年代後半に姿を消した。
　　　1982.3　桑園　P：堀井純一

写真103　トキ20611の中央部
　中央部を拡大した写真で、手動のウインチがよく判る。
　積雪のため判り難いが、床板端の上半分は白色に塗り分けられている。　1982.3　桑園　P：堀井純一

5.7　廃止コンテナの輸送用車

　廃止コンテナは緊締装置が腐食で使用出来ないため、コンテナ車ではなく専用の無蓋車で輸送する。
　輸送数が少なかった頃はその都度、営業用車を使用したが、59-2ダイヤ改正の前後に実施されたC20／21形コンテナのC30形への改造、状態不良コンテナの延命工事等による大量輸送が、床面に専用金具を設置した代用車出現の契機となったようである。

写真104　トラ70000形70848
　2軸車をコンテナ輸送車とした例は九州に多く、写真は西大分駅の配置車。白帯はアオリ戸周囲の枠組に合わせたため細い。
　　　1985.1　延岡　P：遠藤文雄

写真105　トキ28101の移動止め
　前後にある突起で積荷の廃止コンテナの前後動を規制する。
　　　1984.3　塩浜操　P：吉岡心平

写真106　トキ25000形28101
　廃止コンテナ輸送車のほとんどはトキ25000形の改造車で、写真の車輌には床面に写真105のような移動止めが溶接されていた。　1984.3　塩浜操　P：吉岡心平

5.8 レールの輸送用車

最も奇妙な白帯車で、レール輸送用のチキを白く塗装したもの。操重車控車からの転用車だろうか。

実見されたのはチキ1000形1059と1060の2輛で共に長町駅常備、1975年頃に確認されたが、その後どうなったかは謎のままである。

写真107　チキ1000形1060
謎の白帯車で、構造は通常の25mレール輸送用のチキと全く同じ。奥の車輛はチキ1059。
　　　　　　　　1975.7　長町　P：永島文良

6．工作車代用車

工作車代用車は少数だが外観的に特徴のあるものが多く、趣味的には貴重な存在であった。

用途はサ1・100形の後継で、客貨車区に据付けられた空気圧縮機や蒸気ボイラー等の大型設備の検査や修繕の際、代用する設備を搭載した車輛がほとんどである。

なお正規の工作車が早期に消滅したためか、「工作車代用」と標記した例は少なく、代わりに「救援車代用」、「配給車代用」、そして「職用車代用」と標記したものもあった。

6.1 空気圧縮機車

車内にエンジン駆動の空気圧縮機を搭載した車輛で、燃料タンクがあるため火気厳禁の表示を持つものもある。冷却のため車体にルーバーを設置した車輛もあるが、無い場合は開扉状態で使用するようだ。

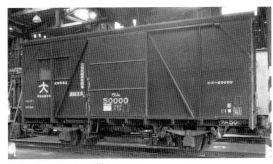

写真108　ワム50000形50000
ワム50000のトップナンバーは吹田貨車区所属の「空気圧縮機積載車」であった。車体は耐水合板に改造されている。
　　　　　　　　1974.9　吹田貨車区　P：福原邦夫

写真109　ワム50000形50570
新津名物、謎の「空検車No.1」でおそらくコンプレッサー車と思われる。四方に窓があり、右側の妻下には多数の扉がある。
　　　　　　　　1980.5　新津　P：吉岡心平

写真110　ワム50000形52309
鳥栖客貨車区所属の空気圧縮機車はカラフルな帯色が特徴で、写真の車輛は青22号（スカイブルー）であった。
　　　　　　　　1976.10　鳥栖客貨車区　P：吉岡心平

写真111　ワム50000形52344
　これも鳥栖客貨車区の車輛で帯色もワム52309と同じ淡青色だが、側扉の標記は微妙に異なっていた。
　　　　　　　　　　　1976.10　鳥栖客貨車区　P：吉岡心平

写真112　ワム60000形61106
　亀山駅常備のコンプレッサー車で、写真115のワム51313の後継車と思われる。妻面と側面に追加されたルーバーに注目。
　　　　　　　　　　　　　　　　1985.3　亀山　P：菊池孝和

写真113　ワム70000形75140
　岡山貨車区所属のコンプレッサー車。妻面に大書された「連結注意」で有名な車輛であった。　　1976.3　西岡山　P：堀井純一

写真114　ワム90000形94269
　新津の「空検車No.2」で、側面に窓はないが、右妻の高い位置に内開き式の扉がある。　　　　1980.5　新津　P：吉岡心平

写真116・117　ワム51313の車内
　左のコンプレッサー車の車内を撮影したもの。
　　　　　　　　　　　1979.8　亀山客貨車区　P：勝村　彰

写真115　ワム50000形51313
　亀山客貨車区のコンプレッサー車。種車は合板改造車だが、側面下部を大型のルーバーに改造した点が特徴。
　　　　　　　　　　　1979.8　亀山客貨車区　P：勝村　彰

写真118　ワム50000形52253
　汐留駅常備のコンプレッサー車で、「救援車代用」の標記がご愛敬。
　車内の構造が判る貴重な写真で、ベルト駆動の空気圧縮機が見える。燃料を積載しているため赤地に白枠の「火気厳禁」表示がある。　　　　　　1974.10　高島　P：吉岡心平

写真119　ワム60000形63711

より新型のコンプレッサー車で、門司駅の常備車。帯色は白ではなく濃緑(湘南電車の緑か?)である。

車体の四隅には明り取りの窓があり、車内のエンジンには「MITSUBISHI」のロゴがある。天井にある蛇行した配管は何だろう。　　　　　　1981.2　苅田港　P：植松　昌

写真120　ワム80000形286283

ワム280000番代を種車とした最新のコンプレッサー車で、竜華操駅の常備。恐らくワム61106(写真112)の後継と思われる。　　1984.7　久宝寺　P：阿部貴幸

写真121　ワム286283の妻面

妻面に追加された換気用のルーバーがチャームポイント。　1984.7　久宝寺　P：阿部貴幸

6.2　ボイラー車

蒸気発生用のボイラーを搭載した工作車代用車で、空気圧縮機車より少数だった。驚くべきは無蓋車を種車とする車輌が存在していたことである。

写真122　ワム60098の屋根上

次ページに掲載した移動ボイラー車の屋根上で、煙突は蓋で覆われている。右の突起は蒸気安全弁の排気口。

1976.10　鳥栖客貨車区　P：吉岡心平

写真123　トラ45000形46912

極めて珍しい無蓋車の工作車代用車。「ボイラー積専用」の標記通り、床上に移動式ボイラーを積載している。所属は和歌山機関区で、全くのところ、天王寺局は謎の車輌だらけだ。　1981.12　和歌山機関区　P：藤井　曄

写真124　ワム60000形60098
　門司局の「移動用ボイラー車」の車内が判る貴重な写真。車内には横置き形の大型ボイラーがある。手前に立っているのは煙突。
　　　　　　　　　　1974.2　鳥栖客貨車区　P：和田　洋

写真125　ワム60098の妻面
　左の車輌の妻面。屋根上での作業のため、右寄りに華奢な梯子が追加されている。
　　　　　　　　　　1976.10　鳥栖客貨車区　P：吉岡心平

写真126　ワム60000形67869
　鹿児島機械区に所属する「移動用ボイラー車」。外観は上のワム60098に酷似しており、内部構造も大差ないものと思われる。
　　　　　　　　　　1976.11　出水　P：吉岡心平

写真127　ワム67869の床下配管
　移動ボイラー車の床下をアップにしたもの。右の太いパイプが主蒸気管であろうか。
　　　　　　　　　　1976.11　出水　P：吉岡心平

6.3　その他の工作車

　用途のはっきりしない工作車の例。2枚とも青函局の車輌だが、たまたま綺麗な写真を選んだらそうなっただけで、他局にもさまざまなワムを使用した工作車が存在した。

写真128　ワ12000形12202
　五稜郭工場所属の工作車代用車。ワは車体が小さいためか、工作車代用になった例は珍しい。
　　　　　　　　　　1970.8　五稜郭工場　P：川喜多新太郎

写真129　ワム60000形64622
　函館機械区所属の工作車代用車。用途は不明だが、有川に居たところから航送設備と関係があるのだろうか。
　　　　　　　　　　1981.7　有川　P：吉岡心平

7．検重車控車

　検重車(記号「ケ」)は駅や工場に設置された「貨車計重台(橋はかり)」を較正するための貨車で、1965年までは衡重車(記号「コ」)と称していた。1929年製のケ1形とそれを置換えた1977年製のケ10形があり、輌数は共に6輌で全国6工場に分散して配置されていた。

　使用法は写真130のように車内から台車(3トン)と分銅(1ないし3トン)を片妻にある両開扉から天井のホイストにより計重台上に降ろし、はかりを較正する。

　検重車控車はこのケ1ないし10形に連結して使用するもので、ホイスト燃料等の資材輸送用と作業員詰所の2種があり、また控車を使用しない工場もあった。

　JRへの移行では、検重車は旅客各社に承継されたため、同時に一部の控車も承継されている。

写真130　検重車の作業風景
　妻の両開扉を開け、ホイストを繰り出して車内の台車と分銅を貨車計重台の上に降ろしたところ。試験荷重は台車と分銅を組合せて調整する。　　　　　　　　　　所蔵：矢嶋 亨

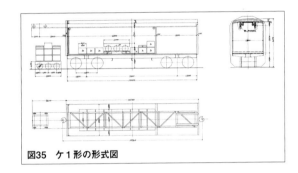

図35　ケ1形の形式図

7.1　資材輸送用の控車

写真131　土崎工場所属の検重車編成
　右からケ10形11＋ワム90000形137765＋ワム60000形67779。検重車控車は2輌とも資材輸送用である。3輌のうち、ケ11とワム67779はJR東日本に承継された。　　　1980.5　東新潟港　P：吉岡心平

写真132　ワム12000形12237
　資材輸送用の検重車控車で、所属は松任工場。左隣のケ1形2は静岡局浜松工場所属で、検重車と控車とで配属局が異なる珍しい例。恐らくケ2を金沢局内で使用する際に、控車として連結するものと思われる。　　　　　　1975.5　金沢　P：藤井 曄

写真133　ワム50000形52184
　土崎工場所属の検重車控車で、これも資材輸送用。土崎工場に配属されたケ1形5(右隣)の控車で、東北地区の計重台の較正を担当した。その後、老朽化によりワム90000形91122に置換えられ廃車となった。　　　　　1976.8　弘前　P：吉岡心平

7.2 作業員詰所の控車

大井工場に配属された検重車であるケ1(旧コ1)とケ12の検重車控車は、伝統的に作業員の詰所として使用されていた。

最古の写真は1958年撮影のワム1形1060で白帯を巻いていたが、しばらく後に白帯を抹消した。

その後、年月の経過と検重車控車もヨンサントウ対応のワム53512(1967年～)、近代的なワム60024(1975年～)、冷房付のワム68559(1982年～)と進化し、最後の68559はケ12と共にJR東日本に承継された。

写真134 大井工場の検重車編成(ケ12とワム68559)
1986.7 汐留　P：堀井純一

写真135 ワム1形1060
写真がある中では最古の車輌で、1958年撮影の写真では白帯を巻いていた。種車は1916年製で、扉と側柱は鋼製に改造されている。扉にある丸穴はストーブの煙突用。
1964年頃　P：片山康毅

写真136 ワム50000形53512
ワム1形はヨンサントウで使用出来なくなり、代りに本車が用意された。構造はワム1060をそのまま模倣し、扉にある煙突用の丸穴もそのままである。
1969年頃　P：鈴木靖人

写真137 ワム60000形60024
ワム53512の後継車で、検査標記から1975年5月に新小岩車両センターで改造したようだ。窓は一段上昇型で、煙突は無事、屋根上に移動した。
1975.10 越中島　P：堀井純一

写真138 ワム60000形68559
ワム60024の後継車で、検査標記は1982年9月新小岩車セである。窓はワム60024より大きくなり、右窓の奥に見えるのはウインドクーラー。なお本車はJR東日本に承継された。
1987.3 塩浜操車場　P：吉岡心平

8．救援車代用車

　1953年の称号改正で誕生した「救援車」は4章で解説したが、1960年度以降は救援車への改番は中止され、原形式のまま救援車代用とすることになった。

　代用車として使用された形式は、配給／工作代用車と同じで、最初期はワム1と3500形、続いてワム50000形が登場した。ヨンサントウ改正で2段リンク装備が必須となると、ワム10000・12000形小型車とワム50000形木製車の天下となり、昭和50年代はワム60000・80000形が主流となった。また変わり種としてはワム1900やヨ2500形を種車としたものもあった。

　特殊用途の救援車代用車としては、操重車と編成を組んで使用するものがあり、「操重車控車」と呼ぶこともある。操重車はロープやアウトリガー用の木材、ディーゼルエンジンの燃料など専用となる資材が多々あり、これらの積載用として用いるもので、通常はボギー有蓋車のワキ700・1000、そして5000形が充当されたが、複数の2軸車を用いた例もあった。なおワキ1形も過去に使用されたが、急行使用貨車が不足したため全て回収されている。

　また北陸線には長大トンネルでの火災事故対応として、エンジン駆動の消火ポンプと化学消火剤を搭載した「化学消防車」が消火用水を積んだ水運車とペアで配置されていた。

写真139　ワム3500形11378
銚子客貨車支区の救援車代用車。エ500形になり損なった例で、全検標記には36-11新小岩工とある。妻面には窓が追加され、1926年製のため鋼柱鋼扉車で側面は鋼帯で補強されていた。
P：鈴木靖人

写真140　ワム50000形50432
岩見沢駅常備の「救援用車」。駅名は書くが所属区所を書かないのが札幌局のスタイルだった。　1970.8 岩見沢　P：堀井純一

写真141　ワム60000形66778
小樽築港駅常備の「救援用車」。車輌は新しいが標記の仕方は左写真と変わらず、「救援用車」に下線が引いてあるのも同じ。
1982.7　東札幌　P：吉岡心平

写真142　ワム80000形181687
釧路客貨車区の救援車代用車。標記は板上に「救援車」だけといたってシンプルだ。　1983.3　釧路客貨車区　P：植松 昌

写真143　ワム90000形92108
高松運転所の所属。「四」の文字はいかにも書きにくそうだが、何故この位置に書いたのだろうか。
1976.3　高松　P：堀井純一

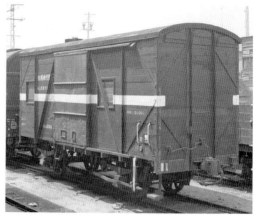

写真144　ワム1900形1948
高槻電車区の救援車代用車で、電車と連結するため密着連結器を装備していた。種車はワム50000形の短軸版で、戦中製の台湾向ワタ16000形を戦後国鉄が買い上げた曰く付きの車輛である。
1956.6　高槻電車区　P：江本廣一

写真145　ワム50000形51355
亀山客貨車区の救援車代用車。車体には大型の窓が設置され、配置が亀山だけに怪しさ満点。奥の車輛はもと電車のスエ71で、妻面にシル・ヘッダーが残っている。　1975.8　亀山　P：藤井　曄

写真146　ワキ700形718
鹿児島運転支所の救援車代用車で、左はソ80形97。
写真5のワキ704は大井工場製だがこちらは大宮工場製で、海軍の爆弾／魚雷輸送用として製作された。
大型の車体と幅3.5mに達する両開扉は救援車として最適で、本車を含め約20輛が各地で使用されていた。なお荷重は30トンが正当である。
1976.10　鹿児島　P：吉岡心平

写真147　ワキ1000形1540
小郡客貨車区の救援車代用車で、車体には「操重車控車代用」と標記されていた。
ワキ1000形は窓の数で3タイプに分けられるが、本車は窓無しで1951年製の1350～1549に属する。床下にワキ時代に撤去した電池箱が復活しているのに注目。
1981.8　小郡　P：植松　昌

写真148　化学消防車の編成
敦賀駅に常備されていた編成で、ミム100形184＋ワ12000形12219の2輛組。ワには「非常用」と「化学消防車」の文字がある。
なおワの帯は白帯だが、ミムの帯は65km/h制限を示す黄帯である。
1974.9　敦賀　P：吉岡心平

9．操重車控車

　操重車控車は、事故復旧用操重車から突出するブームのスペーサーとなる車輌である。

　戦前から戦後すぐに製作されたソ20・30形は2軸の控車や無蓋車を使用したが、戦後製のソ80形以降はチキを使用し、床上に各種の復旧用機材を積載するようになった。専用形式としてはソ150甲形が短期間存在したが、その詳細は47ページのコラムをご覧頂きたい。

　操重車控車として使用されたチキは、初期はチキ1形、これが老朽化するとチキ1000と3000形に変わり、チキ300や1500形は営業用として重用されたため、数は少なかったようである。59-2改正以降は余剰となったチキ6000形に一足飛びに更新されたため、チキ2700・4500・5000二代の各形式はほとんど使用されずに終わった。JRへの移行では、旅客会社各社にソ80形とともにチキ6000形が承継されている。

写真149　ヒ180形184
　ソ30形30の落成写真で、操重車控車にはヒ180形控車が使用されている。
　ヒ180形の詳細については拙著「控車のすべて」（『RMライブラリー』221号）に詳しく、ヒ184は同書に写真21として鮮明な写真を掲載した。
所蔵：吉岡心平

写真150　トム39000形44202
　広島第一機関区配置のソ30形31の操重車控車。
　トム39000形は戦前製の全鋼製無蓋車トム19000形を戦後木体化した形式で、寸法的にはトム50000形と同一である。車体は前後両端の妻構上部が切断されている。
1959.4　広島第一機関区
P：筏井満喜夫

写真151　トラ55000形58210
　ソ30形31とペアを組む控車は、その後トム50000形56389への変更を経て、最後は何とトラ55000形になった。
　トラはブームに支障する操重車寄り妻構を全て撤去し、代りに型鋼と鋼管で作った柵様のものを設置した。
広島　P：菊池孝和

写真152　チ1000形1133
　長町機関区配置のソ30形35の操重車控車。車体にはそれらしい塗装や標記は施されていない。昔はチキを使用していたが、晩年はチに代わっていたようだ。
　　　1973.6　長町機関区　P：川喜多新太郎

写真153　チキ1形46
　ソ30号車の控車は、写真149のヒ184からトムを経て、写真のチキに代わった。　1952.11　新鶴見　P：伊藤 昭

写真154　チキ1000形1087
　チキ1000形は各地で操重車控車に使用されたが、写真はソ80形83の控車で岡山貨車区の配置。ホーム上からの見降ろし視点のため、床上の形枠に収納された吊上げフックやその他器材の配置がよく判る。床下に収納しているのはアウトリガーの台座に用いる枕木。
　　　1970.3　大久保　P：坂内定比古

写真155　チキ4500形4580
　浜松客貨車区のソ80形82用の操重車控車だが、現車の標記には「沼津客貨車区／沼津駅常備」とあり、従来使用されていたチキ1000形1075を置換えるため沼津から転属して来たものと思われる。
　操重車控車は戦前製のチキがそのほとんどを占め、これが廃車時期に達した頃は既に余剰となっていたチキ6000形が一足飛びに投入されたため、チキ4500形を使用した例は珍しい。
　　　1987.9　西浜松　P：堀井純一

写真156 チキ6000形6332
甲府客貨車区のソ150形152用の操重車控車。
ブーム短縮改造後のソ150形は再びチキ1000形を控車にしたが、老朽化のためチキ6000形に交換することにした。ところがチキ6000形はコキ5500形の台枠流用のため床面がチキ1000形より高く、ブーム台の位置が高くなり過ぎるため、車体中央部を鋼板床に改造し、床面高さを低減している。
　　　1982.5　八王子　P：福原邦夫

column ソ150甲形の謎

　ソ100形（図36）は、1950～1956年度に14輌が浜松工場で製作された「客貨車用」操重車で、扱重15トンで我慢する代わりにブームを約12mと長くして取り回しを改善、客貨車区に配置出来るよう動力をディーゼルとした形式で、全国各地に配置され操重車の普及に貢献した。

　ソ150形（図37）はソ100形を扱重25トンに強化したもので、1957～1958年度に3輌製作された。ブーム長さをソ100形並としたため重量が増加し、回送時はブーム先端を控車で支える構造とした。当初、控車にはチキ1000形を使用していたが、ソ152の登場時に正式にソ150形付随車に形式変更することになり、1959年3月浜松工場で3輌がソ150甲形150甲～152甲に改番された。

　ところがソ150形には何らかの不具合があったようで、1959年度の増備車はブーム長さを2m短縮した新形式ソ160形となった。その後ソ150形もブームをソ160形並に短縮し、ソ150甲形もいつしか元のチキ1000形の旧番号に戻された。ブームの支持機構は短縮後もそのまま残っているので、ソ150甲形のままでも良いように思うのだが…。

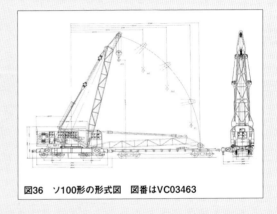

図36　ソ100形の形式図　図番はVC03463

写真157　ソ150（ブーム短縮前）とチキ1000形1125
ECAFE展示会でのカットで、ブーム短縮前の写真は貴重。
　　　1958.5　大井工場　P：豊永泰太郎

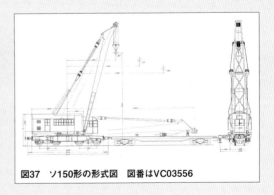

図37　ソ150形の形式図　図番はVC03556

写真158　ソ151（ブーム短縮後）とチキ1000形1055
ブーム短縮後で、控車の形式は再びチキ1000形に戻った。
　　　1963.9　田端操車場　P：江本廣一

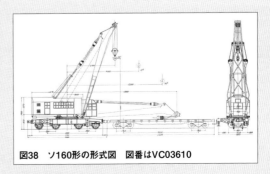

図38　ソ160形の形式図　図番はVC03610

終わりに

「黄帯を巻いた貨車」をまとめた後、「次は白帯」と言った冗談が本当になった(笑)。

当初は「事業用代用車」を中心とする目論見だったが、古典客車に思いのほか紙面を蚕食され、集めた1,000枚ほどの写真のうち、約1割しか紹介出来なかったのは残念である。

本書をまとめるに当たり、写真では遠藤文雄、藤田吾郎、堀井純一、車歴調査では矢嶋 亨の各氏に絶大なご協力があったことを記さねばならない。

また右の方々からは貴重な資料と写真をご提供頂いた。末筆ながら御礼を申し上げる。

阿部貴幸、筏井満喜夫、伊藤 昭、伊藤威信、植松 昌、江本廣一、遠藤文雄、岡田誠一、片山康毅、勝村 彰、川喜多新太郎、菊池孝和、小松重次、坂内定比古、佐竹保雄、柴田東吾、菅野浩和、鈴木靖人、千代村資夫、筒井俊之、豊永泰太郎、永島文良、中村夙雄、福原邦夫、藤井 曄、藤田吾郎、星 晃、堀井純一、矢嶋 亨、和田 洋
(アイウエオ順、敬称略)

吉岡心平
(特定非営利活動法人 貨物鉄道博物館 館長)

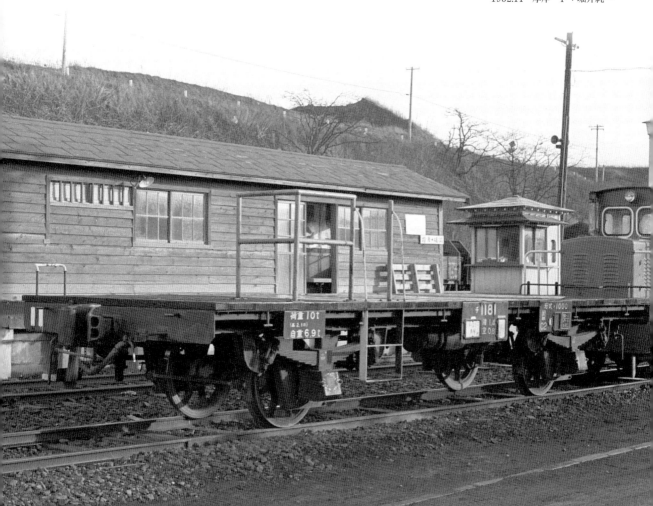

写真159　チ1000形1181
本書ではさまざまな○○代用車や△△控車を紹介してきたが、最後は究極の組合せたる「控車の代用車」で締め括ろう。
写真の車輌はチ1000形の床上に小さな手摺を追加して控車としたもので、車票挿には「厚岸～浜厚岸専用」と標記されていた。
1952.11　厚岸　P：堀井純一